藏在名著里的数学 ①

杨翊 著

中国妇女出版社

图书在版编目（CIP）数据

藏在名著里的数学. 1 / 杨翊著. —— 北京 ：中国妇
女出版社，2023.3
ISBN 978-7-5127-2192-0

Ⅰ.①藏… Ⅱ.①杨… Ⅲ.①数学-少儿读物 Ⅳ.
①O1-49

中国版本图书馆CIP数据核字（2022）第190444号

选题策划：朱丽丽
责任编辑：朱丽丽
封面设计：李 甦
责任印制：李志国

出版发行：中国妇女出版社
地 址：北京市东城区史家胡同甲24号 邮政编码：100010
电 话：（010）65133160（发行部） 65133161（邮购）
网 址：www.womenbooks.cn
邮 箱：zgfncbs@womenbooks.cn
法律顾问：北京市道可特律师事务所
经 销：各地新华书店
印 刷：北京通州皇家印刷厂

开 本：165mm×235mm 1/16
印 张：15
字 数：160千字
版 次：2023年3月第1版 2023年3月第1次印刷
定 价：49.80元

如有印装错误，请与发行部联系

　　小时候，我看过一部用动画的形式讲解数学的动画片《唐老鸭漫游数学奇境》，让那时的我无比震惊，同时认识到数学是一门神奇的学科，也是很好玩的学科。数学并不枯燥，更不是"天书"，要想走进数学的殿堂，我们可以从兴趣这一站出发。

　　而包括中国古典名著在内的世界名著，是我们认识这个世界的一个重要窗口。

　　名著之所以是名著，就因为它已经被时间和无数读者检验，证明它是文学宝库中的精品之作。

然而名著又因为它的博大精深，让很多小读者望而却步，这才有了很多经过改编、缩减的少儿版名著。我写的这套书也可以说是用数学来重新演绎名著，小读者可以从中一窥名著的魅力，但我还是希望小读者有时间去读一读原版的名著，甚至可以对照着我写的这套书来看一看，同样的故事，名著用了怎样的语言、怎样的结构。

另外，有人可能会问：名著中真的会有数学吗？

答案是肯定的，因为数学无处不在嘛！

比如，我在本套书第1册讲《西游记》中的数学思维，在"多目怪藏药箱的体积"这一节写"道士拿到等子，小心翼翼地称出一分二厘"，分作十二份……《西游记》原文中是这样写的："内一女子急拿了一把等子道：'称出一分二厘，分作四分。'"

再比如，同样是这本书，"盘丝洞的蛛网数阵"一节里有这样的描述："濯垢泉流进的浴池约有五丈阔、十丈长，内有四尺深浅。"在故事中，善于观察和思考的孙悟空便就此思量起浴池的容积问题。而《西游记》

原文中是这样写的："那浴池约有五丈余阔，十丈多长，内有四尺深浅，但见水清彻底。"你们看，从数学这个角度说，我写的这一段是不是非常忠实于原著呢？而且原著中也确实如此令人惊喜地讲到了容积的数学概念。

这样的例子还有很多，我就不一一举例说明了，相信细心读书的你们一定会有所发现。

有的小读者可能还会有疑问：名著里的故事那么多，你写得也不全嘛！

的确是这样。名著动辄上百万字，我写作这套书的主要目的是以名著故事为媒介，让数学逻辑题尽可能与故事相融合，因此选取的故事也要能跟数学联系到一起，毕竟类似上面浴池的例子，名著中不可能每个故事都明确讲述。另外，限于篇幅的关系，每本书不能太厚、太吓人，否则阅读起来也会很不方便。

我写这套书，不只是为了让书里涉及的数学知识能帮你们学好数学，考出高分，更重要的是让你们喜欢上数学，爱上数学，充分感受到数学的魅力和价值！

因此，我在书里提供了开阔的数学视野、详尽的解题思路，就是为了一步一步培养和训练你们的数学思维，帮助你们攀登数学的高峰。

不过，因为要将更多的现代常用数学知识融入名著故事，我在书中会有一些杜撰的成分，比如在三国时期不可能有阿拉伯数字，更不会有 x、y 这些代数中所用的未知数，这样写是为了拉近名著、数学与小读者们的距离，希望大家可以意识到这些杜撰成分在史实中是没有的。此外，为了尽可能营造古代的氛围，我还在书中用了"时辰""石"等很多古代的度量单位，而现在这些度量单位已经废止不用了，也请大家注意。

相信我，生活是离不开数学的，数学无处不在。

希望每个人都能因为学好了数学，与数学结缘，而收获更加丰富精彩的人生。

目 录

石猴巧解除法算式谜

很久很久以前，在东胜神洲海外有一片国土，名叫傲来国。那小国临近大海，海中有一座山，叫作花果山，山顶上还立有一块仙石。

那仙石有三丈六尺五寸高，有二丈四尺围圆，上有九窍八孔。三丈六尺五寸高，表示周天三百六十五度；二丈四尺围圆，表示历法的二十四节气；九窍八孔，表示九宫八卦。九窍八孔，还暗含了 $9 \times 8 = 72$ 种变化。

可以说，这块仙石周身上下都暗含着数字。

这块仙石饱吸日精月华，日积月累，内育仙胞，一日迸裂，产一石卵，见风即化作一个石猴。那石猴五官俱备，四肢皆全，能爬能走、能跑能跳，还能算算术！

这天，花果山上的群猴闲极无聊，一边吃着瓜果梨桃，一边在水帘洞里研究石壁上的一道古人留下的算术题。

　　一只大马猴说："谁能做出来，我就认他做我们的大王。"

　　"对，对，认他做大王！"其他猴子也纷纷响应。

　　"让我看看，让我看看嘛。"石猴拨开众猴，挤到中间的空地上。

　　"你是谁啊？"大马猴见石猴面生，就翻着白眼不客气地问。

　　石猴初来乍到，跟大家还不太熟，于是很恭敬地抱拳拱手说："我还没有名字，因为是从石头里蹦出来的，你们就叫我石猴好啦！"

大马猴这才把石壁上的算术题指给石猴看。

只见水帘洞中石壁上的题目如下所示：

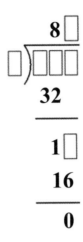

不知道是不是因为时间太久，这道题中很多地方都已磨损看不清了。

大马猴说："这些磨损不清的地方就是关键，看看你能不能还原出这道除法竖式原本的样子。"

石猴看完题目立马就有了信心，但他不忙着说出答案，而是先问大家："你们说谁能做出这道题，就尊他为花果山水帘洞的大王，可是真心的？不会耍赖？"

"真心，绝不耍赖。"众猴纷纷表态。

"好，那我可就要解题了。"石猴用香蕉蘸上水，唰唰唰，在地上很快就将模糊的地方补充好，并将完整的除法竖式写了出来。

$$
\begin{array}{r}
84 \\
4\overline{)336} \\
32 \\
\hline
16 \\
16 \\
\hline
0
\end{array}
$$

大马猴一验算，正确无误。

"你不会是蒙出来的吧？"大马猴实在看不上石猴，又刁难起来。

石猴冷静地说："那我就把推理的过程告诉大家好啦。"

"快说，快说！"众猴纷纷催促。

石猴说道："因为除数是一位数，而且商的第一位数是8，再根据对应的积是32，得出除数是 $32 \div 8 = 4$；因为第一个余数是1，所以被除数的百位数是3，十位数是 $1 + 2 = 3$；由于商的个位数与除数的乘积是16，所以商的个位数应是 $16 \div 4 = 4$；又因为最后的余数为

0，因此被除数的个位数应该是 6。"

"原来如此。"众猴听了恍然大悟，大马猴也心悦诚服。

花果山的猴子信守诺言，在大马猴的率领下，他们怀着敬佩的心情向石猴拜伏。从此，花果山水帘洞便出了一位机智勇敢的美猴王！

自测题

请在下面除法算式的空格中填入适当的数字，使得除法算式成立。

尺

尺是长度单位，在汉语中引申为量长度的工具，即尺子；还引申为形状像尺的东西，如镇尺。

作为古代长度单位，1 尺 = 10 寸，10 尺 = 1 丈。

在现代长度单位中，3 尺 = 1 米。

自测题答案

这道题比较难，空格很多，要从算式的最后面往前进行反推，既然最后余数为 0，说明被除数是能被除数整除的。其中 783 是关键，它是除数乘以商的个位数也就是 9 的积，据此可以得出除数是 783 ÷ 9 = 87，再用 87 × 69 = 6003，6003 就是被除数，剩下的空格也就迎刃而解了。

答案是：

$$
\begin{array}{r}
69 \\
87\overline{)6003} \\
522 \\
\hline
783 \\
783 \\
\hline
0
\end{array}
$$

美猴王为了让花果山的群猴变得更加强大，自己也想学习更多的本领，决定下山遍访名师学艺。

美猴王不畏路途险峻，从东胜神洲到了南赡部洲，在这里过了八九年。一日，他来到大海边，望着茫茫大海，想着海外必有神仙。美猴王便独自砍树做筏，又漂洋过海，来到了西牛贺洲地界。

这天，美猴王来到一处山清水秀、人杰地灵的所在，放眼望去，到处花团锦簇，真是个好地方！

美猴王正欣赏美景，忽听前方有一个砍柴归来的樵夫一边走路一边唱着山歌："收来成一担，行歌市上，易米三升……"

美猴王听出这是一担柴能换三升米的意思，觉得这位樵夫肯定睿智，便满心欢喜地凑过去。

"小哥，请问这里是什么地方，可有神仙？"美猴王拱手问。

樵夫抬头一看是只不起眼的猴子，不免轻视，不屑地说："一只猴子也来胡乱打听！好吧，看你不像山中野猴，倒也知书达礼，我便告诉你好了。此山叫作灵台方寸山，山中有座斜月三星洞，那洞中有一位老神仙，叫菩提祖师。"

美猴王心念一动，听樵夫的口气，这位老神仙一定不简单。

美猴王忙向樵夫鞠躬，说道："请小哥为我指路，我要找老神仙拜师学艺！"

樵夫认真打量着美猴王，缓缓说道："老神仙轻易不见外人，他留下一道题目，你要是能做出来，我就为你指路；做不出来，只好请你打道回府。"

"小哥，请把题目给我看看，或许我真能做出来！"美猴王信心满满地说。

樵夫便用柴枝在地上写出了题目：

$VIII - V = ?$

"你可知道问号处应该填什么？"

美猴王想了想，向樵夫借过柴枝，在地上写出了答案：III。

"Ⅲ就是3。"

"为什么呢？"

美猴王道："我认得这是罗马数字。在罗马数字中，Ⅰ、Ⅱ、Ⅲ、Ⅳ、Ⅴ、Ⅵ、Ⅶ、Ⅷ、Ⅸ、Ⅹ表示1、2、3、4、5、6、7、8、9、10，L表示50，C表示100，D表示500，M表示1000。读法是从左至右，表示最大数量的符号放在左边，紧接着在它右边的是次大的数量符号，以此类推。记号通常是叠加的，比如LX = 60，MMDVⅡ = 2507。所以，刚刚那道题目'Ⅷ － Ⅴ =？'用阿拉伯数字表示就是'8 － 5 ＝？'，答案自然是3喽，用罗马数字表示就是Ⅲ。"

樵夫听完十分满意，便为美猴王指了斜月三星洞的路。

请写出下面算式的答案：

Ⅰ + Ⅲ = ?

Ⅵ + Ⅵ = ?

Ⅶ + Ⅲ = ?

数学小知识

罗马数字

罗马数字在我们的生活中能够找到吗？当然，最常见的罗马数字就是钟表的表盘符号：Ⅰ、Ⅱ、Ⅲ、Ⅳ、Ⅴ、Ⅵ、Ⅶ、Ⅷ、Ⅸ、Ⅹ、Ⅺ、Ⅻ。

罗马数字比阿拉伯数字早 2000 多年，起源于古罗马。罗马人为了记录数字，便在羊皮上画出 Ⅰ、Ⅱ、Ⅲ 来代替手指的数；表示一只手时，就写成"Ⅴ"，类似大拇指与食指张开的形状；表示两只手时，就用两个"Ⅴ"，写成"ⅤⅤ"，后来又写成一只手向上、一只手向下的"Ⅹ"——这就是罗马数字的雏形。

后来为了表示较大的数，罗马人用符号 C 表示 100。C 是拉丁文"centum"的首字母，centum 就是 100 的意思（英文"century"也是由此而来）。用符号 M 表示 1000。M 是拉丁文"mille"的首字母，mille 就是 1000 的意思。取字母 C 的一半，成为符号"L"，表示 50。用字母 D 表示 500。若在数的上面画一横线，这个数就扩大 1000 倍。

这样，罗马数字就有下面七个基本符号：I（1）、V（5）、X（10）、L（50）、C（100）、D（500）、M（1000）。罗马数字与十进制数字的意义不同，它没有表示 0 的数字，与进位制无关，所以当时人们用空格表示 0。

阿拉伯数字

阿拉伯数字，又称印度数字，由 0、1、2、3、4、5、6、7、8、9 共十个计数符号组成，采取位值法，高位在左，低位在右，从左往右书写。阿拉伯数字最初由古印度人发明，后由阿拉伯人传向欧洲，之后再经欧洲人将其现代化，当时人们误以为是阿拉伯人发明的，所以称其为"阿拉伯数字"。

Ⅰ + Ⅲ = Ⅳ ；

Ⅵ + Ⅵ = Ⅻ ；

Ⅶ + Ⅲ = Ⅹ 。

美猴王智解数列规律

美猴王经樵夫指路来到斜月三星洞门口，那里有两扇镶满铜钉的黄铜大门。大门紧闭，美猴王只好抬起毛茸茸的拳头敲门。

"何人在此骚扰？"许久之后里面才传来应门声。

"俺乃美猴王，来自东胜神洲花果山水帘洞，是来拜师学艺的，请老神仙开开门吧。"

"你先告诉我，门上有多少枚门钉？"

美猴王心想："老神仙只是考我数数，这有什么难的！"

"每扇门54枚门钉，两扇门共108枚门钉。"美猴王急匆匆数完，立马说道。

"你觉得太简单了是吧？"门里的人仿佛会读心术，一语道破美猴王的心思。

美猴王吓得出了一头冷汗，再不敢抱持轻视之心。

只听门里的人继续说："那我就再出一道难点的题目。你听好了，有一列数，第1个数是1，但从第2个数起，每个数与它前面那个数的差等于它的序号。例如：第2个数与第1个数的差是2；第3个数与第2个数的差是3……请你说一说，第100个数是奇数还是偶数？"

这道题果真比数数难多了，美猴王感到身上的汗越出越多。但他很快镇定下来，心想：我历经万水千山来到这里，可不能知难而退，而要知难而进！

美猴王又想：还好只有100个数，不行我就用最笨的方法把整个数列都写出来。

不过，他并没有真的用笨办法列出整个数列，而是列了几个数后，便发现了规律。

美猴王列出这个数列的前几位是：

1、3、6、10、15、21、28、36、45、55、66、78……

这时候，他发现这个数列的规律是从左至右，按照奇数、奇数、偶数、偶数，四个数一周期变化，比如"1、3、6、10"里面，"1、3"是奇数，"6、10"是偶数，以此类推。

100÷4 = 25，100 可以被 4 整除，所以第 100 个数就是第 25 组的最后一个数，那自然是偶数了。

想到这里，美猴王欣喜若狂，高声叫道："我知道了，这列数的第 100 个数是偶数！"

"答对了。"门里的人说道，"你等着，我这就给你开门。"

自测题

有这样一列数，第 1 个数是 1，但从第 2 个数起，每个数是它前面那个数的 3 倍再减 1。例如，第 7 个数是第 6 个数的 3 倍再减 1。请你说一说，第 49 个数的末位是几？

可以先尝试列出这个数列的前几位，方便找出规律：

1、2、5、14、41、122、365、1094、3281、9842、29525、88574……

原来，这里面的规律是从左至右，每个数的末位按照1、2、5、4四个数一周期变化，49÷4 = 12……1，说明第49个数是第13组的第一个，每组第一个数的末位是1，所以第49个数的末位是1。

菩提祖师的枣糕面积

　　黄铜大门终于打开了，从里面走出一个少年，看模样也就十一二岁，但他的神态举止却很沉稳。

　　"咦？老神仙，您长得好年轻啊！"美猴王说。

　　少年笑道："我哪里是什么老神仙！我跟你一样，也是来学艺的。现在师父让你进来，也许你就要成为我的师弟了。"

　　"原来是师兄！"美猴王连忙行礼。

　　"先别忙着叫师兄，师父还不见得收你呢！"少年领着美猴王往里走。

　　这洞府之中别有洞天，登上一层层深阁琼楼，跨过一进进珠宫贝阙，终于来到瑶台之下。只见菩提祖师端坐在台上，他的身边摆满了书本。

　　美猴王暗暗咂舌，心想：祖师真不愧是有学问的人，收藏了这么多书！

菩提祖师早已读出了美猴王的心声，哈哈大笑："我这些书可不是关于长生不老之术的，这些都是字字珠玑的术数书。你若想学术数变化之理，就可拜我为师，倘若对此不感兴趣，就可告辞了！"

美猴王倒头就拜，脑门磕到地面上当当直响，说道："请祖师收留，我什么苦都能吃，什么都愿意学！"

菩提祖师说："好吧，苦先不用吃，你先吃块枣糕吧。杨悟翊，把枣糕端上来。"

那杨悟翊就是开门引美猴王进来的少年，他笑眯眯地端上一盘枣糕。那枣糕原本是方方正正的一整块，现在被切成了 21 个小长方形。

如下图所示：

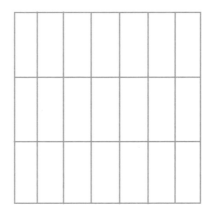

美猴王闻到枣糕的香味，刚想动手去拿，端着食盘的杨悟翊却往后一退，说道："等一下，你想吃枣糕，还得过我这一关。"

美猴王聪明过人，知道这是师兄在考验自己，恭敬地说："不知要如何过关？"

杨悟翊微微一笑，指着枣糕说："这整块的枣糕是个正方形，现在在场的弟子算上你一共 21 个人，所以我在厨房把它等分成了 21 个小长方形，每个小长方形的周长是 100 厘米，你可知道整块枣糕，也就是大正方形的面积是多少吗？"

美猴王思考了一会儿，说道："根据小长方形的周长以及大正方形的边长相等，可推测出如下条件：

小长方形的长 + 小长方形的宽 = 50（厘米）；（1）

3 个小长方形的长 = 7 个小长方形的宽；（2）

"观察（1）式，等号两边如果都乘以3，相当于：

"3个小长方形的长＋3个小长方形的宽＝150（厘米）；

"即3个小长方形的长＝150－3个小长方形的宽；（3）

"接下来把（2）式和（3）式放到一起看，两个式子等号左边一样，因此等号右边也一样；

"即7个小长方形的宽＝150－3个小长方形的宽；

"10个小长方形的宽＝150（厘米）；

"小长方形的宽＝15（厘米）；

"再根据（1）式，小长方形的长＝50－15＝35（厘米）。由此得到每个小长方形的面积是$35 \times 15 = 525$（平方厘米）；大正方形的面积是$525 \times 21 = 11025$（平方厘米）。师兄，你说对吗？"

"对极了，对极了！"杨悟翊这才上前一步，把食盘端到美猴王面前。

美猴王做了这道题后，居然抵御住了枣糕的诱惑，对着菩提祖师垂首而立，说道："弟子不饿。弟子生来无名无姓，只被群猴尊称为'美猴王'。从今天起，既然拜在师父门下，还请师父为弟子起个名字。"

菩提祖师听了微微颔首："不错，不错，你的术数根基很好，但愿你在我这里能够学有所成。你想要名字，我便赐你个名字。你是个猢狲，又排到我门下的'悟'字辈，你无父无母、无名无姓，来去空空……从今天起，你的法号就叫孙悟空吧！"

自测题

把一块正方形的豆腐，横着切一刀，竖着切三刀，如下图所示：

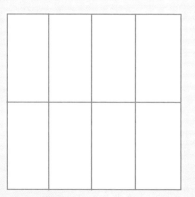

等分成了 8 块长方形豆腐，已知大正方形的周长是 16 厘米，那么每小块长方形豆腐的面积是多少呢？

自测题答案

大正方形的周长是16厘米，

所以大正方形的边长是 $16 \div 4 = 4$（厘米）；

从图中可见，

小长方形的长为大正方形边长的一半，

小长方形的宽为大正方形边长的四分之一，

所以小长方形面积是 $(4 \div 2) \times (4 \div 4) = 2$（平方厘米）。

筋斗云的里程数

话说孙悟空跟着菩提祖师在斜月三星洞中学艺已经过了七个年头。

这七年说长不长，说短不短，孙悟空每日与众师兄学言语礼貌、讲经论道、习字焚香，闲时还要扫地锄园、养花修树、寻柴燃火、挑水运浆。

这天，菩提祖师登坛高坐，开讲大道。孙悟空在下面聆听，忽然领悟到其中的道理，喜得抓耳挠腮，眉开眼笑。

菩提祖师看见孙悟空手舞足蹈，以为他在开小差，问道："你不好好听讲，搞些小动作干什么？"

孙悟空回道："弟子诚心听讲，听到师父的妙音，喜不自胜，不知不觉手舞足蹈，还请师父恕罪！"

菩提祖师道："你既识妙音，我且问你，你到我这洞中有多久了？"

孙悟空道："弟子本来懵懂无知，幸得师父传授算术之道。我记得灶下无火时，便去山后打柴，看到一山好桃树，我在那里已经饱饱地吃了七次桃子，想来已有七年。"

菩提祖师道："学了七年的算术也够用了。你现在还想从我这里学些什么法术？"

孙悟空道："但凭祖师教诲，只要是绝妙的，弟子都愿意学。"

"你的胃口倒是不小，就怕你没有这么大的造化！"菩提祖师冷笑一声，走上前，在孙悟空的头上敲了三下，然后背着手走入内堂，将中门关了，撇下众弟子而去。

"瞧你这猢狲干的好事！把师父惹恼了！你太贪心了……"一旁的杨悟翊抱怨道。

孙悟空也不理会同门的奚落，原来他已经勘破了祖师的哑谜，正暗暗欢喜。

等到三更时分，孙悟空就从后门来到菩提祖师的寝室中。祖师躺在床上，鼾声如雷，睡得正香。孙悟空不敢惊动，便跪在榻前，耐心等候。

过不多时，菩提祖师伸了个懒腰，揉揉眼睛，坐起身来，看到孙悟空就笑："你这个猢狲，算你有造化！我就教你点真本领！我这里有两门厉害的法术，一种暗含天罡数，有三十六般变化；另一种暗含地煞数，有七十二般变化……"

祖师还未说完，孙悟空就叫道："我当然要学多的啦！"

于是，菩提祖师教了孙悟空七十二变，又说："我这里还有筋斗云，有了它，你就能腾云驾雾，日行何止万里。普通的筋斗云一个筋斗能飞十万八千里，而这高段位的筋斗云，一个筋斗比十万八千里还多，这个距离数是一个六位数，左边第一位是1。有趣的是，该数乘以3，那么其他5个数字不必动，只要把1从左边第一位挪到右边第一位就是该数乘以3后所得的新数。你既然天资聪慧，能否猜出这个数是多少？"

孙悟空眼珠一转，便有了思路，说道："师父，根据您所说，为方便我的推理，这个六位数可以记作1x，其中x是个五位数。因为1在左边第一位，即十万位上，所以1x的数值相当于100000 + x。依照师父所说，该数乘以 3 后得到的新数，形如 x1，因为 x 表示五位数，所以 x1 的数值相当于 10x + 1。"

菩提祖师打断道："等等，你说说，为什么是 10x + 1 呢？"

孙悟空道："因为师父教我们的就是十进制，而在日常生活中使用的也是十进制，在十进制中，一个低位数进位成高位数就要乘以 10。比如 2，要把 2 从个位进到十位，就变成了 20，20=2×10。再来说这个 x 表示的是五位数，变成六位数就是 10x，10x + 1 等于多少呢？这时候，个位已经空了，所以要加上那个移到最右边的 1，只需要记作：10x + 1。"

菩提祖师道："很好，继续往下说。"

孙悟空继续道："接下来就可以根据'该数乘以 3，那么其他 5 个数字不必动，只要把 1 从左边第一位挪到右边第一位就是该数乘以 3 后所得的新数'的条件列出等式：

"$3 \times (100000 + x) = 10x + 1$；

"$300000 + 3x = 10x + 1$；

"$7x = 299999$；

"$x = 42857$。

"所以这个六位数 1x 是 142857，果然大于十万八千里。另外，我还有个大发现，这个六位数还有一系列有趣之处，如果用它分别乘以 2、3、4、5、6、7 就能得到：

"$142857 \times 2 = 285714$；

"$142857 \times 3 = 428571$；

"$142857 \times 4 = 571428$；

"$142857 \times 5 = 714285$；

"$142857 \times 6 = 857142$；

"$142857 \times 7 = 999999$。

"您看，这些乘积的数好像在自己转圈，真像是翻筋斗，太调皮了！尤其是乘以 7 的时候，得到的是 999999，真是太神奇了！"

菩提祖师开心地赞道："好你个猢狲！不但猜出这个数，还有更多发现，不枉我教授你的一番苦心啊！"于是便把筋斗云传授给孙悟空。

有一个四位数，左边第一位是 1。如果该数乘以 10 再加 1，那么这 4 个数不用动，只要在它最左边的前面添加 1 就是该数乘以 10 再加 1 后所得的新数。你知道这个四位数是多少吗？

数学小知识

　　十进制

　　十进制，顾名思义，就是逢十进一，逢二十进二，以此类推。人类采用十进制，可能跟人类有十根手指有关。因为最初人们计数就是靠自己的手指头。

　　从现已发现的商代陶文和甲骨文中，可以看到当时人们已能够用一、二、三、四、五、六、七、八、九、十这些数字，以及百、千、万等数位，来记十万以内的任何自然数。说明最迟在商代时，中国已采用了十进位值制。

里

里是中国古代长度计量单位，常用于计量地理距离。现在被称为华里、市里，一里等于 500 米。

根据《春秋·谷梁传》所记，古时候三百步为一里，而后来很多朝代对于"里"的具体长度有不同的规定。

数学桌面小游戏

找你的小伙伴一起来做这个游戏吧！

游戏准备：

制作如图所示的拼图碎片，可以把图片拓印在白纸上，再剪下来。

游戏人数：

一人、两人或多人。

游戏规则：

把这些数字方块拼成一个正方形，要求正方形的每行、每列都有 5 个数字，而且在第一行与第一列、第二行与第二列、第三行与第三列、第四行与第四列、第五行与第五列都有同样的 5 个数字。看看谁能最先拼成这个正方形。

参考答案：

9	8	7	6	5
8	5	4	3	2
7	4	0	2	6
6	3	2	5	1
5	2	6	1	9

将这个四位数记作 1x，x 是三位数。

因为 1 在左边第一位，即千位上，所以 1x 的数值相当于 1000 + x，如果把该数乘以 10 再加 1，得到的新数形如 11x，因为 x 表示三位数，所以 11x 的数值相当于 10000 + 1000 + x。

列出方程如下：

$10 \times (1000 + x) + 1 = 10000 + 1000 + x$；

$10000 + 10x + 1 = 11000 + x$；

$9x = 999$；

$x = 111$。

所以这个四位数是 1111。

　　话说美猴王孙悟空从龙王那里夺了如意金箍棒，又在阎王那里消了生死簿，龙王、阎王一起上玉帝处告状，太白金星说以和为贵，主动请命下界招抚孙悟空。

　　孙悟空被太白金星说动了，他也想看看天庭的模样，便跟着太白金星一起驾着祥云来到了灵霄宝殿。太白金星站在台阶前朝上面端坐的玉帝行礼。孙悟空在一边冷眼旁观，站得笔杆溜直，也不给玉帝行礼。

　　只听太白金星奏道："臣领圣旨，已将这花果山的妖仙请到了御前。"

　　玉帝问道："哪个是妖仙？"

　　孙悟空往上跳了几步，抓耳挠腮尽显猢狲本色："老孙便是金星老头口中的妖仙啦！你这玉帝老儿，躲在帘子后面，自然瞧不见我了！"

　　两边台阶上的仙卿们都大惊失色道："这个野猴

儿！见了玉帝，怎么不拜伏参见，还口出狂言，说玉帝的不是？真是该死！该死！！"

玉帝知道这猴子第一次上天庭，不懂得天庭的规矩，也不介意，反倒为孙悟空开脱道："那孙悟空乃下界妖仙，初得人身，不知朝礼，姑且恕他的罪吧。"

众仙卿忙提醒孙悟空："快谢恩啊！"

孙悟空这才朝上行了个礼。

玉帝便宣文选、武选仙卿，看哪处官职有空缺，好让孙悟空走马上任，也好有个约束。

武曲星君站出来启奏道："天宫里各宫各殿、各方各处，都无空缺官职，只有御马监缺个正堂管事。"

玉帝传旨道："那就封他做个'弼马温'吧。"

众仙卿再叫孙悟空谢恩，孙悟空也只朝上行个礼，做做样子。

玉帝怕孙悟空初来乍到，人生地不熟，再迷了路，反而不美，于是好心好意让木德星官送他去御马监到任。

到了御马监，孙悟空会齐了监丞、监副、典簿、力士，大小官员人等，查明本监事务，点数了天马千匹。

"都是好马吗？不会有生病的吧？"孙悟空看着手下问道。

监丞拱手道："大人，这里的赤兔马、的卢马、青骢（cōng）马、黄骠（biāo）马、枣红马、追风马……无不是良驹宝马啊！"

孙悟空当即骑上一匹赤兔马，打开了马厩（jiù）的大门，把所有天马放出来，一起赶到天河边去饮水吃草。

不几天的工夫，天马被孙悟空养得膘肥体壮，而且逐渐恢复了野性，看起来愈发精神抖擞，马蹄奋扬。

一个月后，玉帝不放心孙悟空，派了马天君来视察。马天君长了长长的一张马脸，作为孙悟空的顶头上司，他把官威摆得十足。

马天君每回来都要挑三匹天马比赛，看赛马乃是马天君的小小癖好，而且可以冠冕堂皇地宣称是为了检查马匹养得好不好。这次也不例外，马天君亲点了青骢马、赤兔马、追风马三匹天马。

不一会儿，赛马结束。马天君颐指气使地叫孙悟空来报告赛马结果。

孙悟空早看马天君不顺眼了，心中愤愤不平：不知道哪里跑来一张"马脸"，到我的地盘捣乱！就冲你这张脸，也该归我这个弼马温管！怎么反倒管起俺老孙来？

于是，孙悟空故意不直接说出赛马结果，而是绕了又绕，说道："从起点到终点，追风马跑的时间的$\frac{2}{3}$是赤兔马跑的时间的$\frac{4}{7}$，赤兔马跑的时间的$\frac{2}{3}$又是青骢马跑的时间的$\frac{4}{7}$，青骢马跑的时间比追风马多了26炷香的时间。"

马天君被绕得晕头转向，一拍桌子，瞪眼道："你说的这些如何能算出赛马结果？"

孙悟空嘲笑道："是你自己笨，我算给你听！

"根据我刚刚所说，可以找到三匹天马比赛成绩的比值，再结合青骢马跑的时间比追风马多26炷香时间这个具体时间长度，就能算出三匹天马在比赛中各用了多少时间。

"追风马跑的时间的$\frac{2}{3}$是赤兔马跑的时间的$\frac{4}{7}$，由此可得：

"追风马：赤兔马 $= \dfrac{4}{7} : \dfrac{2}{3} = 6 : 7$；

"赤兔马跑的时间的 $\dfrac{2}{3}$ 又是青骢马跑的时间的 $\dfrac{4}{7}$，由此可得：

"赤兔马：青骢马 $= \dfrac{4}{7} : \dfrac{2}{3} = 6 : 7$；

"所以两个比转化成三匹马的连比是：

"追风马：赤兔马：青骢马 $= 36 : 42 : 49$；

"青骢马比追风马多用了 $49 - 36 = 13$ 份的奔跑时间，再结合青骢马跑的时间比追风马多 26 炷香的时间，可求得 1 份的时间为 2 炷香时间；即追风马用时 72 炷香的时间，赤兔马用时 84 炷香的时间，青骢马用时 98 炷香的时间。"

马天君虽听懂了，但更加气愤，骂道："你这小小的弼马温！少跟我啰里啰唆，下次我让你说结果你就说结果，别整这些幺蛾子！"

孙悟空一怔："听你的口气，这弼马温莫非是个小官？"

孙悟空忙看向手下，接着一把薅（hāo）住正耷拉着脑袋的监丞："快说，我这官到底是几品？"

监丞知道瞒不过去，如实交代道："回大人，没有品从。"

马天君插嘴道："岂止是没有品从，简直就是'未入流'。"

孙悟空哪里懂得这许多官场的名词，问道："什么叫作'未入流'？"

马天君嘲笑地比出小拇指，说道："说直白点，就是最末等啦。这样的官儿最低最小，只能看马。而且你要殷勤劳作，将马喂得膘肥体壮，只落得我道声'好'字，如稍有差池，就算少了一根马鬃，嘿嘿，我都要问你的罪呢！"

孙悟空听得心头火起，咬牙大怒道："这般藐视俺老孙！老孙在花果山称王称祖，如何逍遥快活！怎么哄我来替玉帝老儿养马？不干了！不干了！老孙不干了！"

呼啦一声，孙悟空推倒了面前的公案，又一脚踹翻了马天君，从耳中取出金箍棒，一路打出南天门，回他的花果山去了。

　　小兔、小猴和小狗比赛跑步,从起点到终点,小兔跑的时间的$\frac{1}{2}$是小猴跑的时间的$\frac{1}{4}$,小猴跑的时间的$\frac{1}{2}$又是小狗跑的时间的$\frac{1}{3}$,小狗跑的时间比小兔多了20分钟。你们知道三只小动物各跑了多长时间吗?

小兔跑的时间的 $\frac{1}{2}$ 是小猴跑的时间的 $\frac{1}{4}$，

由此可得：

小兔：小猴 $= \frac{1}{4} : \frac{1}{2} = 1 : 2$；

小猴跑的时间的 $\frac{1}{2}$ 又是小狗跑的时间的 $\frac{1}{3}$，

由此可得：

小猴：小狗 $= \frac{1}{3} : \frac{1}{2} = 2 : 3$；

所以两个比转化成的连比是：

小兔：小猴：小狗 $= 1 : 2 : 3$；

小狗比小兔多用了 2 份的奔跑时间，

再结合小狗跑的时间比小兔多 20 分钟，

可求得 1 份的时间为 10 分钟；

即小兔用时 10 分钟，小猴用时 20 分钟，小狗用时 30 分钟。

七衣仙女的摘桃数目

话说孙悟空在花果山上自封"齐天大圣"，太白金星再次奉旨招安，玉帝这次索性就给了孙悟空一个"齐天大圣"的封号，但有名无禄。玉帝见孙悟空整日在天宫游手好闲，又给他安排了看管蟠桃园的任务。

一天，王母娘娘设宴大开宝阁，准备在瑶池举办蟠桃盛会。

既然名字叫作"蟠桃盛会"，那没有桃子可是不行的。王母娘娘便派遣七衣仙女，令她们去蟠桃园摘桃子。

七衣仙女穿着七色霓裳，飘至园门前。只见蟠桃园的土地、力士和齐天府二司仙吏，都在那里把门。

仙女近前说道："我等奉王母娘娘懿旨，要到此摘桃设宴。"

土地公公拱手道："仙娥稍等。今岁不比往年了，玉帝让齐天大圣在此看管蟠桃园，要进园子，得先向大圣通报一声。"

仙女问道："大圣在哪里呢？"

土地公公道："大圣就在园内，因为困倦，在亭子里午睡呢。"

仙女道："那快叫他出来吧。"

土地公公进了园子，直奔花亭而去，却不见大圣的人影，只有衣冠在亭子里放着。他四下里找了一阵，连根猴毛也没找到。

原来大圣玩了一会儿，又吃了几个桃子，嫌亭子里睡得不舒服，就变作二寸长的小人儿，在那大树梢头浓叶之下睡着了。

再说七衣仙女见土地公公找不到大圣，就有些气恼："我等奉旨前来，寻不见大圣，难道让我们空跑一趟不成？"

旁有仙吏想出一个主意："仙娥既然是奉旨来的，这事儿不能耽误。我们家大圣闲游惯了，想是出园会友去了。你们先去摘桃，我们替你回话便是。"

于是，七衣仙女飞入园中，到那桃林深处寻觅大桃、好桃采摘起来。

眼看快到日暮时分，她们准备往回走，仙女们数了数篮子里的桃子，三个小仙女贪玩，一个桃子也没摘，四个大仙女摘的桃子加起来总共有 72 个。但大仙女摘的桃子有一半不能吃，原来那一半桃子上面都被大圣咬了一口，这样的桃子自然上不了台面。在往回走的路上，大仙女把被咬过的桃子全都扔了。二仙女的篮子底坏了，漏掉两个桃子，被眼尖的三仙女拾起来放入自己的篮子中。这时，她们仨篮子里的桃子数正好相等。而四仙女呢，她在出桃林的路上又摘了一些，使篮子里的桃子增加了一倍。走出桃林后，她们坐下来，又各自数了数篮子里的桃子。这次，四位大仙女篮中桃子的数目相等。

这时候大圣恰好睡醒，揉了揉睡眼，便瞧见了七衣仙女，关键是她们头顶的篮子里还有桃子！大圣以为发现了小偷，现出本相，又从耳朵里取出金箍棒，晃一晃，变成碗口粗细，大声叫道："你们是哪里来的？敢大胆偷摘仙桃！"

七衣仙女被诬陷为小偷，又气又怕，齐声道："大圣息怒。我们是王母娘娘差来的七衣仙女，奉命摘取蟠桃盛会需要的仙桃。"

　　大圣听后，回嗔作喜道："仙娥请起。既然是王母开阁设宴，你们摘几个桃子倒也无妨，只是我刚刚睡去，未曾跟随你们查点，不知道你们各自摘了多少桃子？"

大仙女便说了摘桃的经过，又说现在总共有 72 个桃子。

大圣斤斤计较，又问："那在你们准备出桃林时，各人篮子里有多少桃子呢？"

大仙女摇头道："这个我可记不得了。"

大圣笑道："你们忘性大，我可是能猜出来。你们听听我说的对不对？"

大仙女心中有气，但还是忍住气说："愿听大圣高见。"

大圣得意地说："假设你们准备出桃林时，大仙女的篮子里有 a 个桃子；那么走出桃林后，大仙女只有 $\frac{a}{2}$ 个桃子。根据你刚才的叙述，二仙女当时有 $\frac{a}{2}+2$ 个桃子，三仙女当时有 $\frac{a}{2}-2$ 个桃子，四仙女当时有 $\frac{a}{2}\div 2 = \frac{a}{4}$ 个桃子；而总共有 72 个桃子，所以：

"$a + (\frac{a}{2} + 2) + (\frac{a}{2} - 2) + \frac{a}{4} = 72$；

"解得：$a = 32$（个）。

"所以，你们准备出桃林时，大仙女有 32 个桃子，二仙女有$\frac{a}{2} + 2 = 18$个桃子，三仙女有$\frac{a}{2} - 2 = 14$个桃子，四仙女有$\frac{a}{4} = 8$个桃子。"

"对的，对的。"大仙女敷衍道，"可以让我们走了吗？"

大圣却还有问题："王母娘娘的蟠桃盛会请的都是谁？"

大仙女掰着手指头数道："请的是西天如来、南海观音、十洲三岛仙翁、北极玄灵、黄角大仙、五斗星君，上八洞三清、四帝、太乙天仙，中八洞玉皇、九垒、海岳神仙，下八洞幽冥教主、住世地仙……各宫各殿大小尊神，差不多都请了呢。"

大圣一直仔细聆听，却没有听到自己的名字，终于忍不住问道："都请了？可请我了？"

仙女们冷冷道："不曾听说。"

大圣怒道："好啊，玉帝老儿、王母娘娘让我堂堂齐天大圣给你们看桃园，你们开个什么'蟠桃盛会'却不请俺老孙，我偏偏要'不请自来'！"

说完，大圣给七衣仙女使了个"定身法"，定住她们的身形，自己却驾起祥云，直奔瑶池而去。

　　四个兄弟去采蘑菇，加起来总共有 36 只蘑菇。但大哥的蘑菇有一半是不能吃的，在往回走的路上，大哥把不能吃的蘑菇全扔了；二哥的篮子底坏了，漏下 4 只蘑菇，被眼尖的三哥拾起来放入自己的篮子中。这时，他们仁的蘑菇数正好相等。而四弟呢，他在出林子的路上又采了一些，使篮子里的蘑菇增加了一倍。现在，四兄弟篮中蘑菇的数目相等。你们知道最开始四兄弟采的蘑菇各有多少只吗？

假设最开始大哥的篮子里有 a 只蘑菇，那么走出森林后，大哥只有 $\dfrac{a}{2}$ 只蘑菇。根据题意，二哥当时有 $\dfrac{a}{2} + 4$ 只蘑菇，三哥当时有 $\dfrac{a}{2} - 4$ 只蘑菇，四弟当时有 $\dfrac{a}{2} \div 2 = \dfrac{a}{4}$ 只蘑菇。

根据题中的描述：

$$a + (\dfrac{a}{2} + 4) + (\dfrac{a}{2} - 4) + \dfrac{a}{4} = 36;$$

解得：$a = 16$（只）。

所以，最开始大哥有 16 只蘑菇，二哥有 $\dfrac{a}{2} + 4 = 12$ 只蘑菇，三哥有 $\dfrac{a}{2} - 4 = 4$ 只蘑菇，四弟有 $\dfrac{a}{4} = 4$ 只蘑菇。

蟠桃盛会的桌椅排列规律

话说大圣直奔瑶池，半路上正好遇到赤脚大仙。大圣一打听，得知赤脚大仙就是去赴蟠桃盛会的，他眼珠一转，有了主意，便谎称奉了玉帝的旨意，让众位仙家先至通明殿下演礼，礼毕再去赴宴。赤脚大仙把大圣的诳语当真，呼朋引伴就往通明殿去了。

大圣却独自来到瑶池，只见瑶池中琼香缭绕，瑞霭缤纷，瑶台铺彩结，宝阁散氤氲，真是一幅仙境盛景的画卷。

再看宴席上的桌椅，分别是五彩描金桌、八宝紫霓墩，桌椅搭配很有规律，1 张单独的桌子配 6 个椅墩，2 张合并在一起的桌子配 10 个椅墩，3 张合并在一起的桌子配 14 个椅墩。

如下页图所示：

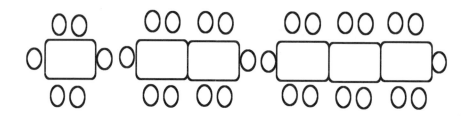

大圣想起自己在菩提祖师门下学艺之时，常听师父教诲：术数不能光在书本文章中学，还要在日常生活中学，凡是遇到跟术数有关的事物，都要仔细思量，深入推演。

就拿眼前的桌椅排布来说，应该可以总结出其中的术数规律，如果能用一张表格来展现就更加直观、完美了。

大圣先在脑海中画出了表格的基本结构，那么接下来该如何把表格填满呢？

表格如下：

桌子数	1	2	3	4	5	6	……	n
椅墩数	6						……	

大圣很快想出两种思路：一种是加法思路，一种是减法思路。

先来看加法思路：

当 2 张桌子拼连在一起时，相较 1 桌配 6 个椅墩，增加了 4 个椅墩；

当 3 张桌子拼连在一起时，相较 1 桌配 6 个椅墩，增加了 4×2 个椅墩；

……

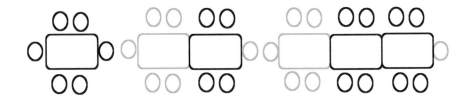

所以表格这样填写：

桌子数	1	2	3	4	5	6	……	n
椅墩数	6	$6 + 1 \times 4$	$6 + 2 \times 4$	$6 + 3 \times 4$	$6 + 4 \times 4$	$6 + 5 \times 4$	……	$6 + (n-1) \times 4$

再来看减法思路：

当 2 张桌子拼连在一起时，相较 2 桌配 6×2 个椅墩，减少了 2 个椅墩（1 个连接处）；

当 3 张桌子拼连在一起时，相较 3 桌配 6×3 个椅墩，减少了 4 个椅墩（2 个连接处）；

……

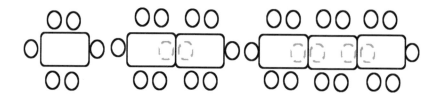

所以表格这样填写：

桌子数	1	2	3	4	5	6	……	n
椅墩数	6	2×6 − (2 − 1) ×2	3×6 − (3 − 1) ×2	4×6 − (4 − 1) ×2	5×6 − (5 − 1) ×2	6×6 − (6 − 1) ×2	……	6n − (n − 1) ×2

大圣总结完桌椅排布的规律，就像吃了一道开胃菜，立马有了食欲，这才瞥向五彩描金桌上的佳肴，真是珍馐百味般般美，异果佳肴色色新！

大圣还没看完，忽闻得一阵酒香扑鼻，转头一看，只见长廊之下，有几个造酒的仙官、盘糟的力士，领着几个运水的道人、烧火的童子，在那里洗缸刷瓮，现场酿制出玉液琼浆，香醪佳酿。

大圣鼻子灵，一闻就闻出这是好酒！大圣止不住口角流涎，就要去吃，怎奈这么多人在这里看着，不方便下手。

大圣当即抓一把毫毛变作一群瞌睡虫，飞到众人脸上。那些人很快就手软头低，垂眉合眼，各自找地方打瞌睡去了。

大圣更无顾忌，一通狼吞虎咽，把百味珍馐、佳肴异品都吞下肚子，再到长廊里面，直接就着缸、挨着瓮，放开海量痛饮一番。

酒足饭饱的大圣，扶着墙慢慢走出来，因为醉酒，把路走岔了，直到撞到一扇红漆大门方才抬头，发现这里不是齐天大圣府，却是兜率天宫。

兜率宫是太上老君的府邸。大圣进去不见老君，找来找去，就摸到了丹房里面。只见炼丹炉中有火，炉子上面还有一个宝匣，像是存放了贵重的丹药。

大圣看那宝匣上的格子图蛮可爱，拿猴爪子一摸，上面居然显现出数字：

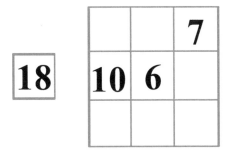

"看那九个格子好似九宫格，莫非只要横、竖、斜

三行数字之和相等，就能打开？左边这个独立的 18 似乎是重要提示，待俺老孙算一算。"

大圣首先想到：10 + 6 = 16，要凑成 18，只需在该行最右边的格子里填上 2 就好。

大圣在那个格子里写了个"2"，整行格子竟发出红光。大圣觉得有门，他又根据 7 + 2 = 9，算出最后一列最下面的格子为 9，此刻，两条对角线都只剩下一个格子。就这样，大圣很快把九宫格全部填满：

3	8	7
10	6	2
5	4	9

18

与此同时，宝匣打开，露出里面安放着的五个红葫芦。大圣拔开葫芦塞子一看，只见葫芦里装的都是太上老君炼就的金丹。

那金丹颗颗放光，熠熠夺目。大圣自然不客气，吃豆一般，把五个葫芦里的金丹全都吃光了。

吃完金丹，大圣还在心里算账呢，一个葫芦里有 50 粒金丹，5 个葫芦就是 250 粒，看来自己还没醉。

突然，大圣猛地酒醒，知道自己闯下了大祸，急忙跑出兜率宫，从西天门使个隐身法逃出，然后一个筋斗落回花果山。

只见山里当年的小猴崽现在都变成了挂着拐杖的白毛老猴。原来天上一日，地上一年，大圣在天上待了半年，地上可不就是 30 × 6 = 180 年了。

花果山上，群猴为大圣摆接风酒宴。天宫此时此刻可是炸了锅啦！

蟠桃园的桃子没了，蟠桃会的美酒、美食没了，兜率宫的金丹没了，众仙家在通明殿下挤作一团……天网恢恢，疏而不漏。玉帝很快查明这一切都是齐天大圣干的。

玉帝大发雷霆，当即派遣四大天王协同托塔李天王并哪吒三太子，点二十八宿、九曜星官、十二元辰、五方揭谛、四值功曹、东西星斗、南北二神、五岳四渎、普天星相，共十万天兵，布十八架天罗地网，下界去花果山捉拿妖猴。

打头阵的就是九曜星官，他们排列的正是九宫格的阵势：

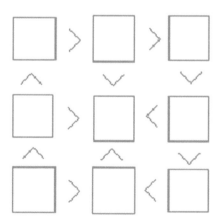

大圣仔细观察，发现阵势中间连接方格的就是大于号或小于号，既然是九宫格，填入数字 1 ~ 9 就能破解。然而，这些数字可不能胡乱填。大圣猜测，两个彼此相邻的方格中的数字一定要满足大于号和小于号连接的大小规律，左思右想，大圣终于想出了破解之法：

　　大圣首先发现最中间的格子里面的数小于周围的四个数，可以试着先把 1~9 中最小的 1 填入中间的格子：

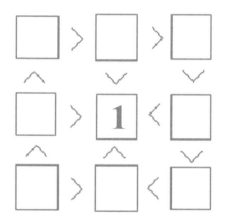

　　再来看，其次小的是 1 下方的格子，它只比上面的 1 大，比左右两边的数都小，所以可以试着把 2 填入 1 下方的格子：

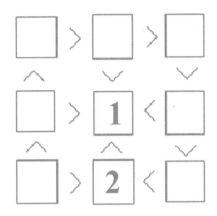

这时候，大圣发现剩下的格子刚好是顺时针从大到小转了一圈，可以判断出左下角的数最大，所以左下角可以填最大的数 9，其他数顺序递减，这样所有的数都可以填出来了：

7 > 6 > 5

8 > 1 < 4

9 > 2 < 3

收拾了九曜星官，大圣又以一己之力，用一根如意金箍棒把四大天王、李靖、哪吒等尽数打败。

玉帝得知战报，正在烦恼，恰好南海观音来赴瑶池盛会。玉帝忙请观音出个主意，看如何收服妖猴。观音当即推荐了玉帝的亲外甥——二郎神杨戬。

这杨戬可不得了，他有三只眼，手持一把三尖两刃刀，早在武王伐纣时就出尽风头。这回又有露脸的机会，于是他兴高采烈地奔赴花果山。

杨戬和大圣相见，很快打得难解难分。正打斗时，大圣忽见本营中妖猴惊散，自觉心慌，收了法象，擎棒抽身就走。杨戬在后面紧追不舍。大圣振翅飞起，变作一只鹚鸟，冲天而起。杨戬也会七十二变，他急抖翎毛，变作一只大海鹤，钻上云霄来衔。

大圣又将身按下，跳入涧中，变作一条小鱼儿。杨戬又变作鱼鹰，朝那小鱼儿猛啄一嘴，唬得大圣忙蹿出水面，摇身一变，变作一条水蛇，钻入草中。杨戬顿时化作朱绣顶的灰鹤，伸着一个长嘴，要来吃水蛇。水蛇跳一跳，又变作一只花鸨立在蓼汀之上。杨戬即现原身，取弹弓一弹丸朝花鸨射去。

大圣就势滚下山崖，嫌活物变得腻了，索性变成一座土地庙，大张着口，似个庙门，牙齿变作门扇，舌头变作菩萨，眼睛变作窗棂，只有尾巴不好收拾，竖在庙后，变作一根旗杆。

杨戬赶到庙后，用第三只眼睛发现前方 3 米有一个积水处，刚好能通过积水的反射看到旗杆顶端的倒影，目测从旗杆底端到积水处的距离为 45 米。杨戬又知道自己的第三只眼睛距离地面高度是 2 米，立马算出了旗杆的高度。他故意打趣道："你这妖猴的尾巴挺长啊，居然有 30 米！我先把你这根'旗杆'砍下来当柴烧。"

大圣不服气，通过"庙门"叫道："你这三眼儿郎尽胡说！你又没拿尺子丈量过，怎知旗杆的高度是 30 米呢？"

杨戬笑道："真是山中无老虎，猴子称大王！我不知你在哪里学了些术数的皮毛，居然能破得九曜星官的九宫格阵法。可我的术数绝对胜你一筹！你来看……"

杨戬说着变化出笔墨纸砚，画出一幅图来：

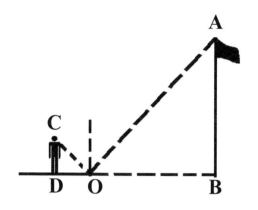

画完图，杨戬说道："虽然图画得有些差强人意，但讲解其中的道理足够了。通过这张图画，可以一目了然地看出我、积水处和旗杆的位置关系：

"因为我的第三只眼通过积水处看到旗杆的倒影，即可得到隐含条件∠AOB = ∠COD，再结合垂直关系，便得到了两个相似三角形△ABO 和△CDO。

"利用相似三角形对应边成比例可得 CD/AB = DO/BO；即 2/AB = 3/45；

"解得 AB = 30（米）。

"所以旗杆高 30 米。"

大圣见杨戬说得没错，很惭愧，不得已现出原形。与此同时，天宫上的太上老君拿出法宝金钢琢瞄准大圣后往下界一掼，正中大圣的额头，直打得大圣眼冒金星，立足不稳，狠跌了一跤，刚要爬起，又被杨戬的哮天犬在腿肚子上咬了一口，扑地又跌倒了。杨戬赶到，用困仙绳擒拿住大圣。

如下图所示，一个人发现前方6米处（DO = 6米）有一个积水的小水塘，刚好能通过水塘的反射看到旗杆顶端的倒影，目测从旗杆底端到水塘的距离为45米（BO = 45米），这个人眼睛距离地面高度是1.8米（CD = 1.8米），那么旗杆有多高?

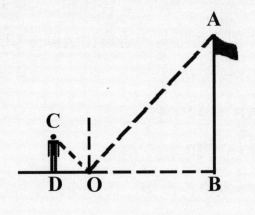

数学小知识

相似三角形

三个角分别相等，三边成比例的两个三角形叫作相似三角形。

两个相似图形的对应边的比值叫相似比。

相似三角形的性质：

相似三角形的对应角相等，对应边成比例。

相似三角形任意对应线段的比等于相似比。

相似三角形的面积比等于相似比的平方。

自测题答案

因为人眼通过积水塘看到了旗杆的倒影，便形成了两个角度相同的相似三角形，即可得到隐含条件∠AOB ＝∠COD，再结合垂直关系，便得到了两个相似三角形△ABO 和△CDO。

利用相似三角形对应边成比例可得 CD/AB ＝ DO/BO；

即 1.8/AB ＝ 6/45；

解得 AB ＝ 1.8×45÷6 ＝ 13.5（米）。

所以旗杆高 13.5 米。

如来佛的手掌能变多大

大圣被押至斩妖台问斩，怎奈刀砍斧剁、雷劈火烧，都不能损伤大圣一丝一毫。

大圣还故意嘲笑："你们的手法太轻，不过瘾，不过瘾！"

行刑的众神丁斩得手脚酸麻，心惊胆寒，谁还敢上前。

太上老君忽然有了主意："那妖猴吃了蟠桃，饮了御酒，又盗了仙丹，不如让老道我领回去，放在八卦炉中，以文武之火烧，炼出我的丹来，他的身体也就化为灰烬了。"

玉帝准奏，大圣就被老君带到兜率宫，推入了八卦炉中。

太上老君对看护八卦炉的两名童子嘱咐一番，便甩袖离开。

这两名童子是兄弟俩，大哥叫金角，小弟叫银角。

银角见师父走远，才敢悄悄对金角说："大哥，我又忘了，这八卦炉设置精巧，要如何开启来着？"

金角埋怨道："都跟你说了快八百遍，你怎么就是记不住？按照八个方位这八卦炉上有乾、坎、艮、震、巽、离、坤、兑八种八卦数符……"

金角手指黑沉沉的八卦炉的炉肚子，果然在八个方位上依次刻有如下八卦数符：

乾——8 8 8 8 = 1

坎——8 8 8 8 = 2

艮——8 8 8 8 = 3

震——8 8 8 8 = 4

巽——8 8 8 8 = 8

离——8 8 8 8 = 9

坤——8 8 8 8 = 16

兑——8 8 8 8 = 17

"需要在4个8之间填上加减乘除、括号等合适的运算符号，让等式成立，八卦炉方能启用。"金角说。

银角愁得直挠头，"太难了吧？等号左边都是4个8，可等号右边的数字全不一样……"

"你动动脑子嘛，每回都是我做，难怪你记不住。这一次，你必须自己做出来！"金角严肃地说。

银角思考半晌，终于填了出来：

乾——$8 \times 8 \div 8 \div 8 = 1$

坎——$8 \div 8 + 8 \div 8 = 2$

艮——$(8 + 8 + 8) \div 8 = 3$

震——$8 \times 8 \div (8 + 8) = 4$

巽——$8 + (8 - 8) \times 8 = 8$

离——$(8 \times 8 + 8) \div 8 = 9$

坤——$8 + 8 - (8 - 8) = 16$

兑——$8 + 8 + (8 \div 8) = 17$

于是，八卦炉正式开启，里面从八个火眼中喷出三昧真火。这可把大圣烧得上蹿下跳，不断辗转腾挪，试图躲避火舌的围攻。

大圣在八卦炉中经受三昧真火的炙烤，历经七七四十九日，不但没化为灰烬，反而练就了一双"火眼金睛"。

算着"猴丹"炼成的时候到了，太上老君命金角、银角开炉取丹。不料炉门刚一开启，就见大圣将身一纵，跳出丹炉，咚的一声，踢倒八卦炉。大圣拿出如意金箍棒，一路打翻九曜星官、四大天王，直打上了灵霄宝殿。

大圣杀红了眼，变作三头六臂的法身，更无一神可挡。

玉帝躲在暗处，悄悄传旨，命游奕灵官同翊圣真君上西方请如来佛祖救驾降妖。

如来闻讯，当即唤出阿傩、迦叶二尊者相随，离了雷音寺，径至灵霄宝殿门外。

"孙悟空，请出来说话。"

如来佛祖不愧法力无边，嗓音浑厚。大圣听得真切，不得已收了法象，现出原身来到佛祖跟前，怒气昂扬，厉声问道："你是哪里的和尚？是要为玉帝老儿出头吗？"

如来笑道："我是西方极乐世界释迦牟尼尊者，南无阿弥陀佛。听说你屡反天宫，不知是何方生长、何年得道？"

大圣实话实说道："我本是天地生成灵混仙，花果山中一老猿。水帘洞里为家业，拜友寻师悟太玄。练就长生多少法，学来变化广无边。因在凡间嫌地窄，立心端要住瑶天。灵霄宝殿非他久，历代人王有分传。强者为尊该让我，英雄只此敢争先。"

如来冷笑道："你要夺玉帝的尊位？我告诉你，玉帝自幼修持，苦历 1750 劫，每劫 129600 年。你算算他经历了多少年，方能享此无极大道？"

大圣哼了一声，道："老和尚，你以为我不会算术吗？告诉你，$1750 \times 129600 = 226800000$ 年。那又怎样？没本事的人才耗年头呢！俺老孙有七十二般变化，万劫不老长生之法。会驾筋斗云，一纵十万八千里。如何坐不得天位？"

如来伸出一只手道："你既然擅长翻筋斗，咱们就比一比，你看我这手掌，也就一尺长，可是每过一秒钟，我的手掌就能大一倍，一尺变两尺，两尺变四尺，四尺变八尺……你在 100 秒内翻 100 个筋斗，看看能不能翻出我的手掌。如果翻得出去，我请玉帝搬家，把天宫让给你住；如果翻不出去，你就要甘心受罚。"

大圣小觑了如来，心想：就算他的手掌能不停变大，一尺变两尺，两尺变四尺，四尺变八尺……又能有多大？大不了，我多翻几个筋斗。

于是，大圣答应了如来。只见他抖擞神威，将身一纵，站在佛祖手心里，道声："我去也！"便一路云光，无影无踪了。

大圣风车一样的筋斗翻出去，翻了好一阵，自己都快翻得晕头转向了，才停下来，只见前方有五根肉红色的柱子，顶天立地。他嘟囔道："这里应该是天地尽头了。"转身刚要往回翻，又一思量："稍等！我得留下些记号，方好与如来对质。"

大圣揪下一根毫毛，变成一支饱蘸了墨汁的毛笔，在那中间柱子上写下一行大字："齐天大圣，到此一游。"

大圣写完还不放心，又在第一根柱子下撒了一泡猴尿，这才翻转筋斗云，回到如来掌心说："我已到了天边又回来了。你叫玉帝老儿快快搬家，把天宫让给我吧。"

如来笑道："你并未跳出我的手掌啊，你自己低头看吧。"

大圣低头一看，只见佛祖右手中指写着"齐天大圣，到此一游"，大拇指根处还有些猴尿臊气呢。

"这……这怎么可能？你你你……老和尚，定是你在使诈！"大圣依旧不服。

如来不疾不徐地说道："好，孙悟空，为什么你跳不出我的手掌，我便解释与你听。我事先已经说明，我的手掌每过一秒钟就能变大一倍，一尺变两尺，两尺变四尺，四尺变八尺……我可没骗你吧？"

大圣承认："这一点是没骗我，但即使如此，你的手掌也不可能大过天去吧？"

如来沉声道："确实不曾大过天，咱们来演算演算。之前说好的是 100 秒的时间，1 秒后是 $2^1 = 2$ 尺，2 秒后是 $2^2 = 2 \times 2 = 4$ 尺，3 秒后是 $2^3 = 2 \times 2 \times 2 = 8$ 尺，那么 100 秒后，我的手掌长度是多少呢？"

大圣立即回答："这还不简单？自然是 2^{100} 尺啦！"

如来抚掌笑道："对，是 2^{100} 尺。2^{100} 尺到底是多长呢？相当于 100 个 2 连续相乘，这个乘积非常大，恐怕你并没有实际的概念。咱们来好好看一看：

"2^{100}尺 = 1,267,650,600,228,229,401,496,703,205,376 尺；

"1 里 = 1500 尺；

"2^{100}尺 ≈ 845,100,400,152,152,934,331,135,470（里）；

"你一个筋斗能走十万八千里，

"100 个筋斗：$108000 \times 100 = 10,800,000$（里）；

"两者一比较，只看分节号，100 个筋斗的里程才 2 个分节号，而我的手掌长度有 8 个分节号，两者的差距有多大，你可知道了吧？"

大圣羞愧难当，忘记指数级的数字增长，越到后面越庞大，自己这回不仅输在法力上，更输在了算术上。

大圣还不甘心，急忙纵身要跑，被佛祖翻掌一扑，把他推出西天门外，将五指化作金、木、水、火、土五座联山，唤作"五行山"，把大圣压在了山下。

自测题

下面几组算式，少了运算符号，你们知道该如何添加适当的运算符号，使得等式成立吗？

6 6 6 6 6 = 6

7 7 7 7 7 7 7 = 6

8 8 8 8 8 8 8 = 6

9 9 9 9 9 9 9 9 9 = 6

数学小知识

分节号

在数字的运用中，人们习惯于在小数点左边每三位数使用一个分节号，以便加快读数的速度。第一个分节号在百位与千位之间，即分节号点在千位数字的右下角，第二个分节号在百万位数字的右下角，第三个分节号在十亿数字的右下角，以此类推。如：934,331,135,470。

五行

五行始于《尚书》，即金、木、水、火、土这五种常见的自然物质材料。中国古代哲学家用五行理论来说明世界万物的形成及其相互关系。

五行还与方位、天干、颜色、神兽等有各自的对应关系：

木：东方，甲乙，青色，青龙；

火：南方，丙丁，红色，朱雀；

土：中央，戊己，黄色，应龙；

金：西方，庚辛，白色，白虎；

水：北方，壬癸，黑色，玄武。

八卦

八卦是中国古人认识世界时对事物的归类，是一套用三组阴阳组成的符号。用"—"代表阳，用"--"代表阴，为什么三组就够了呢？因为 $2^3 = 8$。

八卦：乾（☰）、坤（☷）、坎（☵）、离（☲）、震（☳）、巽（☴）、艮（☶）、兑（☱）。

数学小魔术

这个小魔术可以让你成为读心术大师哟！

如图所示，制作五张卡片，分别写上下面这些数字：

1 3 5 7 9
11 13 15 17 19
21 23 25 27 29
31

2	3	6	7	10
11	14	15	18	19
22	23	26	27	30
31				

4	5	6	7	12
13	14	15	20	21
22	23	28	29	30
31				

8	9	10	11	12
13	14	15	24	25
26	27	28	29	30
31				

16	17	18	19	20
21	22	23	24	25
26	27	28	29	30
31				

接下来请你的小伙伴写下 1~31 中任意一个数字，不要给你看。你出示这五张数字卡片，让他告诉你哪几张有他写下的数字。比如前四张卡片有他写下的数字，你就用这四张卡片的第一个数字相加，得到 $1 + 2 + 4 + 8 = 15$，然后你告诉他 15 就是他写下的数字，保证让他大吃一惊！

魔术背后的奥秘到底是怎样的呢？让我们来揭秘吧！

这个魔术利用的是二进制原理——逢二进一。

这五张牌的第一个数分别对应 2 的 0 次方、2 的 1 次方、2 的 2 次方、2 的 3 次方、2 的 4 次方，也就是二进制中的 1、10、100、1000、10000。

每张牌中的数字都有一个特点，即将这个数字写成 2 的多项式后，必含有该牌中的第一个数字。比如，第五张牌的 27 可以写成：

$27 = 16 + 8 + 2 + 1 = 2^4 + 2^3 + 2^1 + 2^0$；

用二进制表示就是：$11011 = 10000 + 1000 + 10 + 1$。

因此，27 出现在 16 开头的第五张牌中，也出现在 8 开头的第四张牌、2 开头的第二张牌和 1 开头的第一张牌中，但没有出现在第三张牌中（即缺少二进制中的 100）。

1~31 都可以表示成二进制数，也就是都可以变成 1、10、100、1000、10000 的组合，所以反过来，只要知道小伙伴写的数字包括 1、10、100、1000、10000 中的哪几个，将它们相加就是那个数字。

为什么最大是 31 呢？因为 31 写成二进制是 11111，已经是五个位数的最大值了，如果要比 31 大，就需要增加位数，再制作更多的道具卡片。

看到没有？魔术有时候就是在故弄玄虚，但如果不掌握相应的数学知识，你就无法识破这个魔术的奥秘。

二进制

在电脑中是用 0 和 1 两个数字来存储信息的，这就是二进制。它跟日常生活中用的十进制不一样，十进制是逢十进一，二进制则是逢二进一，比如 0，1，到 2 的时候，就不能写 2，而是用 10 来表示；再往下，3 就用 11 表示；而到了 4，又该进位了，而且是连续进两次位，所以用 100 表示。因此，在十进制中，每一位最大的数字是 9，而在二进制中，每一位最大的数字只能是 1，再加上代表没有的 0，便只有 0 和 1 两个数。

在十进制中，个位可以写成 10 的 0 次方，十位可以写成 10 的 1 次方，百位可以写成 10 的 2 次方，千位可以写成 10 的 3 次方……同样的道理，在二进制中，个位可以写成 2 的 0 次方，十位可以写成 2 的 1 次方，百位可以写成 2 的 2 次方，千位可以写成 2 的 3 次方。用 0 表示的是该位为 0，用 1 表示则代表该位有数字，需要用 1 去乘。

例如，二进制的 1000 转换成十进制：

$1 \times 2^3 + 0 \times 2^2 + 0 \times 2^1 + 0 \times 2^0 = 8$

二进制的 11111 转换成十进制：

$1 \times 2^4 + 1 \times 2^3 + 1 \times 2^2 + 1 \times 2^1 + 1 \times 2^0 = 16 + 8 + 4 + 2 + 1 = 31$

自测题答案

$6 \times 6 \div 6 \div 6 \times 6 = 6$

$[(7 \div 7 + 7) \times 7 - 7 - 7] \div 7 = 6$

$(8 + 8 + 8 + 8 + 8 + 8) \div 8 = 6$

$(9 \div 9 + 9 \div 9) \times 9 \times 9 \div (9 + 9 + 9) = 6$

五行山金字压帖的木棍拼图

　　齐天大圣孙悟空被压在五行山下已经有五百年了，他渴了喝露水，饿了就吃山上滚下来的野果，最难受的是脊背发痒，连挠都不能挠一下。

　　这一日，从东土大唐而来要去西天取经的唐僧路过此地。

　　孙悟空忙叫："师父，救救我！"

　　唐僧见到饱经沧桑的孙悟空，讶异道："你怎么会被压在这里？"

　　孙悟空道："我乃五百年前大闹天宫的齐天大圣孙悟空，只因犯了诳上之罪，被佛祖压于此处。前几日观音菩萨领佛祖旨意上东土寻取经人，路过此地。他劝我再莫行凶，皈依佛法，尽心竭力保护取经人，往西方拜佛，功成后自有好处。故此日夜企盼，只等师父来救我脱身。我愿保你取经，给你做徒弟。"

　　唐僧听后，满心欢喜道："你有此善心，又蒙菩萨教诲，愿入沙门，只是我身上没带斧凿，如何救你出来？"

　　孙悟空往山上一努嘴："不需斧凿，你只需爬到山顶上将如来的金字压帖轻轻揭起，我就出来了。"

　　唐僧依言爬到山顶，果然见到一张金字压帖，上面还有用小木棍摆成的图形。如下图所示，需要移动其中 3 根小木棍，把两个正三角形变成四个正三角形，方能揭帖。

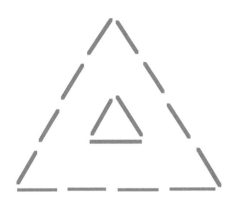

唐僧不愧是得道高僧，很快想出解开奥秘的办法：

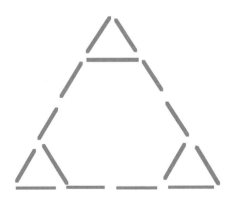

这样三个角上的小三角形加上整个大三角形，刚好

是四个正三角形。

在新图形摆完那一刻，金字压帖也自动飘飞了。

孙悟空在下面欢喜道："师父，请你走开些，我好出来，别惊了你。"

唐僧下了山，又跑出好几里远，只听得一声巨响，紧跟着地裂山崩，一座五行山就此分崩离析。

孙悟空脱了五行山之困，拜伏在唐僧面前，自此诚心诚意保护唐僧。之后唐僧又先后收服了猪八戒和沙僧，师徒四人共同前往西天取经。

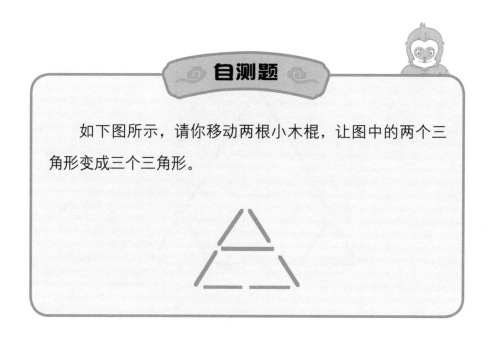

自测题

如下图所示，请你移动两根小木棍，让图中的两个三角形变成三个三角形。

人参果结果时间的速算方法

这一天，唐僧师徒四人来到了万寿山五庄观。这观里住着一位神仙，道号镇元子，当地老百姓都叫他镇元大仙。

唐僧四人来的时候，恰巧赶上镇元大仙到上清天弥罗宫听讲去了，观里只留下两个小童子看家护院，一个叫清风，一个叫明月。看他们的模样也就十一二岁，但实际上清风已有 1320 岁，明月也有 1200 岁。

镇元大仙临走前，跟清风和明月交代过，说有一个去西天取经的大唐和尚要路过五庄观，和尚来时务必要好好招待。他们开门一看，见果然是唐僧师徒，就连忙把四人请进观中。

八戒早就饿了，嚷嚷着要做饭，便去厨房借锅灶，孙悟空去院子里拴马，唐僧在屋里跟清风、明月小哥儿俩闲聊家常。

孙悟空怕他们怠慢了师父，出门前说："我师父口渴了，你们也不端杯茶来喝喝？"

唐僧连忙摆手说："悟空，休得无礼！"

清风当即拱手说："我们这里的确有解渴的食物，比茶水可好喝一万倍，也珍贵一万倍。"

孙悟空一听精神一振："那还不快快拿出来？"

清风、明月回到房中，一个拿了金击子，一个拿了丹盘，不知是不是童子们爱干净，那丹盘里还用丝绸质地的手帕垫着。

两人一起去了屋后的果园，清风爬上树，用金击子敲击树枝上悬挂的果子，明月站在树下，用丹盘接住。

不一会儿，两个人托着丹盘里的两枚果子，送到唐僧面前，说道："三藏法师，这是我五庄观自家种的素果二枚，请您解渴。"

唐僧只往丹盘上瞥了一眼，就吓得神魂颠倒，战战兢兢地跳开三尺说："善哉！善哉！这哪里是果子？这明明就是未足月的小婴孩嘛！"

原来这两枚果子正如唐僧所说，长得就像两个小婴儿，唐僧见了能不害怕嘛？！

清风暗笑:"这和尚肉眼凡胎,有眼无珠,还胆小如鼠!"

明月上前解释道:"三藏法师,此果叫作人参果,就像人参也具人形一般,人参果只是长得像婴孩,其实就是水果。"

唐僧说什么也不信,紧闭着双眼,口念佛号,宁肯渴死,也不吃一口人参果。

清风、明月只得端着丹盘,回了自己的房间。

他们知道人参果放久了就会变质,如此珍贵的果子,任其浪费,岂非暴殄天物?他们两个一商量,索性一人一枚人参果,分吃了。

不想这一幕被八戒看到,他不禁心头火起:好哇,你们这两个无礼的小娃娃,就算师父不吃,你们为何不给我们师兄弟吃?分明是瞧不起我们!狗眼看人低!

八戒越想越气,心想:好,你们越不让我吃,我就偏要吃!便跑去告诉了孙悟空。孙悟空一不做,二不休,他趁两个童子不注意,便偷拿了金击子,跑进了园子里。

只见园中有一棵千尺余高的人参果树,散发出馥郁芳香,在绿叶丛中,露出一枚枚可爱的人参果,金光闪耀。

　　大圣看得心中欢喜，一扬金击子，便敲落了一枚人参果，那枚人参果明明掉到了地上，可一眨眼的工夫就不见了。

孙悟空觉得蹊跷：难道这人参果长了脚会走吗？还是说它会跳，一跳就跳过了墙头？怎么我这一双火眼金睛都看不见？对啦，该不会是被这园中的土地公公顺手牵羊，拿走偷吃了吧？

孙悟空把金箍棒从耳朵眼里取出来，照着地上一敲，那红鼻头的土地公公立即就从土里钻了出来，"大圣呼唤小神，不知有何吩咐？"

"你不知俺老孙是天下有名的贼头吗？我当年偷蟠桃、盗御酒、窃仙丹，今天就摘这园子里一个果子，你就占为己有了！你好大的胆子！"

土地公公吓得忙叫："大圣，小神不敢，小神不敢啊！"

孙悟空问道："你既然不敢拿，那为何果子掉地上就不见了？"

土地公公说："大圣，您看这棵人参果树上的果子有大有小，共分 4 种：最小的 $9\frac{3}{4}$ 年一结果，第三小的 $99\frac{3}{4}$ 年一结果，第二小的 $999\frac{3}{4}$ 年一结果，最大的这几个 $9999\frac{3}{4}$ 年一结果。有缘的，闻一闻就活 360 岁，吃一个就活 47000 年。大圣可知这些全部结果共需多少年吗？"

孙悟空冷笑道："好你个土地！倒考起我来？！$9\frac{3}{4} + 99\frac{3}{4} + 999\frac{3}{4} + 9999\frac{3}{4} = ?$ 这里面既有整数部分，又有分数部分，还都是很大的数，看似算起来费工夫，可俺老孙偏有个速算的法门：

"$9\frac{3}{4}$ 接近 10，$99\frac{3}{4}$ 接近 100，$999\frac{3}{4}$ 接近 1000，$9999\frac{3}{4}$ 接近 10000，所以，原式可以变化成：

"$(10 - \frac{1}{4}) + (100 - \frac{1}{4}) + (1000 - \frac{1}{4}) + (10000 - \frac{1}{4})$

"$= (10 + 100 + 1000 + 10000) - \frac{1}{4} \times 4$

"$= 11110 - 1$

"$= 11109$（年）

"一共需要 11109 年，对不对？"

"太对了，太对了！大圣真是比猴还……啊……聪明过人！"土地公公打了个结巴，赶紧捻捻长须，又说："此外，人参果还与五行相畏。"

孙悟空恼道："快说，快说，什么叫与五行相畏？"

土地公公忙说："大圣莫急，听小神一一道来。人参果遇金而落，遇木而枯，遇水而化，遇火而焦，遇土而入。敲时必用金器，方能掉下来。遇土而入说的就是……大圣方才把果子打落到地上，它就钻进土里了。"

孙悟空听明白了，知道自己刚才错怪了土地公，赔了个不是就叫他先回去了。

孙悟空又敲落三枚人参果，这回是用猴毛变了块大手帕兜住，准备回去跟八戒、沙僧一同分享。

自测题

请你们快速算出 $9\frac{2}{3} + 99\frac{2}{3} + 999\frac{2}{3}$ 的结果。

$9\frac{2}{3}$ 接近 10，$99\frac{2}{3}$ 接近 100，$999\frac{2}{3}$ 接近 1000；

所以，原式可以变化成：

$$(10 - \frac{1}{3}) + (100 - \frac{1}{3}) + (1000 - \frac{1}{3})$$

$$= (10 + 100 + 1000) - \frac{1}{3} \times 3$$

$$= 1110 - 1$$

$$= 1109$$

$\frac{1}{3} \times 3$ 刚好等于 1，通过这种方法，把复杂的分数也化于无形，是不是变得又快又简单了呢？

所以，以后再看到接近整十、整百、整千、整万的数，就可以把它们先凑整，再进行运算。

　　孙悟空拿着三枚人参果来到客房，只见八戒正躺在床上睡大觉，就揪着他的蒲扇耳，把他叫了起来。

　　"八戒，给你看样好东西，你看这是什么？"孙悟空神秘兮兮地亮出手帕里的人参果。

　　"天哪，猴哥，这不是人参果吗？"八戒开心得手舞足蹈，哈喇子淌满了嘴角。

　　"原来你也认得啊，想必也吃过喽？那就不分给你吃了。"孙悟空把人参果往怀里一揣。

　　"猴哥，猴哥，我虽然认识，但俺老猪的的确确没吃过啊！听说吃了人参果可以长生不老，而且那人参果味道十分鲜美……"八戒越说口水越多。

　　孙悟空怕八戒再说下去，整个客房要被他的口水淹没了，就赶紧让他去找沙僧来，师兄弟三人好共同分享。

"猴哥你看你，咱俩分了不就得了嘛，还叫什么沙师弟啊！"八戒既贪又懒，看到人参果就再也挪不动步了。

孙悟空把火眼金睛一瞪："胡说什么，咱们师兄弟三人是有福同享、有难同当！再不去，果子可就没你的份儿啦。"

八戒看猴哥认真，这才赶紧去后院把正看守行李的沙僧叫进客房。

师兄弟三人正吃着人参果，忽然房门被撞开，清风走了进来。

原来清风不见了金击子，正到处寻找，正好找到孙悟空他们住的客房。

孙悟空已经跟两个师弟说明这果子是偷来的。三人一见清风，都慌忙用手捂住嘴巴，八戒的动作慢了点，刚好被清风瞅了个正着。

"你们在吃什么？"清风走上前气势汹汹地问。

"没……没吃什么……"八戒心虚，咕噜一下，把剩下大半个人参果囵囵吞了下去。

孙悟空叉着腰说："你管我们吃什么呢?！"

清风哼了一声："你们别以为我没看到，你们在吃人参果，对不对？"

"没有，没吃，人参果是什么？我听都没听过！"孙悟空咬紧牙关，死不认账。

"好，你们不认没关系，我去园子里数一数，就知道人参果少没少！到时候再跟你们算账！"清风拂袖而去。

不到片刻工夫，清风和明月一齐来找孙悟空他们算账。

这一回唐僧也在屋里。

"大唐和尚，你也在啊，那再好不过，你的三个高徒是贼，偷了我们家的人参果！你要怎么向我家尊师交代？"清风尖着嗓子质问。

唐僧不明所以，就问："你们园子里原来有多少枚人参果？"

清风说："刨去开园时大家共吃的 2 枚以及我们刚刚吃的那 2 枚，剩下的人参果如果分给我们观里现有的人员，每人吃 7 枚人参果，那么有一个人就要少分到 2 枚；每人吃 6 枚人参果，那么又会剩下 2 枚。"

八戒不满意了："你这小童子怎么说话尽绕弯子，

我怎么知道你家观里现在有多少人啊？"

唐僧一挥手："八戒，休得无礼！"

孙悟空也说："呆子，少安毋躁，听师父怎么说。"

唐僧不仅佛法高明，算术的本领也不差，一转念就算出了数目："刨去你们自己吃的4枚，你们园子里应该还有26枚人参果，而你们庄观现在共有4口人，对吗？"

清风点头道："大唐和尚算得不错。这人参果树万年只结30枚果子。另外，师尊带着我那46位师兄去听讲了，因此观里只留下我与明月和两名杂役共4口人。"

"师父，高啊！"八戒冲唐僧竖起大拇指，"您是怎么算出来的啊？"

唐僧知道八戒一向懒惰，不爱干活儿，也不爱动脑子，趁机教授道："这在术数中属于盈亏问题。根据清风所说，每人吃7枚人参果，那么有一个人就要少分到2枚；每人吃6枚人参果，那么又会剩下2枚。可以看出五庄观中每人吃7枚与每人吃6枚，相差1枚；

"而吃的人参果总数相差了2＋2＝4（枚）；所以

用 4÷1 = 4（人），就能得出五庄观的人数是 4 人。

"接下来，再求人参果的数目就简单了，4×7 − 2 = 26（枚）；或 4×6 + 2 = 26（枚）。"

八戒一脸崇拜地望着唐僧，心中却在回味人参果的美味。

唐僧转向清风，继续问道："那么现在人参果剩下多少枚？"

"现在只有 22 枚了。"清风气哼哼地说。

"26 − 22 = 4，那就是少了 4 枚。"唐僧说。

"可不是！你们师徒四人一人一个偷吃了呗！"明月黑着脸说。

"好哇，猴哥，你给我们拿出来三个，自己却私藏了一个！"八戒话一出口，就后悔了，急忙捂住嘴巴。

"这回说漏了吧？还不承认？！小偷，你们都是小偷！"清风、明月一齐瞪眼。

孙悟空被人指着鼻子骂作小偷还是第一次，一时气恼，就变出瞌睡虫，迷倒了两个童子，一边催促唐僧、八戒、沙僧快走，一边使了个分身术，去园子里把人参果树一把推倒了。

望着被连根拔起的人参果树，孙悟空拍掌大笑，"俺老孙哪儿受过这样的气，现在叫你们谁都吃不成！"

　　唐僧师徒四人快马加鞭，还没跑出多远，一朵棉花一样的七彩祥云就追了过来。

原来镇元大仙听讲仙道完毕，回家一看，童子们呼呼大睡，最要命的是人参果树被连根拔起，他便急忙赶来捉拿凶徒。

孙悟空见势不妙，就让唐僧独自骑着马跑，然后率领八戒、沙僧一起迎战镇元大仙。

你一棒，我一耙，他一铲！乒乒乓乓，火星四溅。

谁知镇元大仙十分了得，孙悟空师兄弟三人联手都不是他的对手。

不到一百回合，连唐僧和白龙马在内，师徒们一并被镇元大仙的袖里乾坤收了去。

自测题

饲养员给动物园猴山上的猴子分桃，每只猴子每次分到 1 个桃子，所有猴子拿到同样数量的桃子就算一轮，如此一轮一轮往下分。当分到还剩下 8 个桃子时，就不够所有猴子均分了；如果再买来 6 个桃子，那么每只猴子正好有 10 个桃子。你们知道猴山上有多少只猴子吗？饲养员总共拿来多少个桃子？

盈亏问题

把一些物品平均分给一些人，并不是每次都能正好分完。如果分完物品还有剩余，就叫盈；如果物品不够分，就叫亏。

盈亏问题基本公式：

（1）一次盈，一次亏：总份数＝（余数＋不足数）÷两次每份数的差。

（2）两次都盈：总份数＝（较大余数－较小余数）÷两次每份数的差。

（3）两次都亏：总份数＝（较大不足数－较小不足数）÷两次每份数的差。

当分到还剩下 8 个桃子时，就不够所有猴子均分了，这时候如果再增加 6 个桃子就可以均分，根据这个条件，可以判断猴子数：

8 + 6 = 14 （只）；

这时每只猴子正好有 10 个桃子，即这时共有桃子：

14 × 10 = 140 （个）；

则原来的桃子数：

140 − 6 = 134 （个）。

所以猴山上有 14 只猴子，饲养员总共拿来 134 个桃子。

人参果宴的快速装盘方法

唐僧师徒四人被抓回五庄观，一个个都被绑在了石柱上，在太阳底下暴晒，也不给水喝。三个徒弟皮糙肉厚，但唐僧细皮嫩肉的，不禁叫苦连天。

孙悟空替师父受了几轮鞭刑后，见镇元大仙还要打，恐怕时间久了师父支持不住，便说："镇元子，你到底要怎样才能放我们去西天取经？"

镇元大仙狠狠捏住孙悟空的手腕说："我要你医活我的人参果树！"

孙悟空艺高人胆大，不屑地说："不就是医树吗？你等着，我去去就来！"

"且慢，你要去几日？"镇元大仙担心孙悟空自己跑了。

孙悟空笑道："我师父在这里，我跑不了，只用三天。三天不回，你就叫我师父念紧箍咒。"

镇元大仙这才同意。

大圣翻起筋斗云，一个筋斗就来到了蓬莱仙境。

福、禄、寿三星正在松树下弈棋，看到孙悟空，欢喜道："我们正愁没有对手，大圣就来了！"

孙悟空叹道："我哪里有心情陪你们下棋，愁煞我也！你们老哥仨儿谁会医树？"

福星说："不知大圣想医什么树？"

孙悟空道："不是普通的仙树，乃是人参果树！"

寿星听了皱眉道："你这猢狲，就爱闯祸。那镇元子乃地仙之祖，那人参果树乃仙木之根，如何医治？无方，无方！"

孙悟空听了愁眉紧锁，一张雷公脸拉得老长。

禄星安慰道："大圣，这里无方，再去他处寻找就是，何必烦恼？"

孙悟空长叹一口气："只因我已经夸下海口，三日之内就要医活人参果树，不然师父就要念紧箍咒了！"

福星笑道："不碍事，我们去五庄观替大圣求情，帮你延长期限。"

孙悟空这才露出笑脸，连声道谢，然后一个筋斗，又翻出了十万八千里。

孙悟空辗转数地，都是无功而返，最后不得已来到了南海观音处。

观音菩萨早已洞察一切，将悟空好一顿责骂，然后驾起祥云和大圣一起来到五庄观上空。

观音菩萨用杨柳枝蘸了蘸玉净瓶中的甘露，往那棵倒下的人参果树根处一洒，只见金光一片，清泉数汪，没一会儿工夫，人参果树便挺拔屹立而起，土里的人参果也悉数飞出，挂满了树梢。

清风一数，不多不少正好是 23 枚人参果。

八戒赶紧向孙悟空道歉："对不起，猴哥，是我冤枉了你，你果然没有私吞。"

孙悟空恨恨地道："你个呆子，以后不许再冤枉人了！"

人参果树得以复活，误会也消除了。镇元大仙大喜，设人参果宴，即采摘几枚人参果做成素馅丸子，招待唐僧师徒和众位仙家。

镇元大仙知道最难搞定的是猪八戒，于是派清风前去询问，问八戒到底要吃几枚人参果丸子？

谁知八戒拍着大肚皮说道："我的胃忽大忽小，最少吃1枚，最多吃15枚，等宴席开始我再告诉你们。不过，上丸子的速度是越快越好。"

镇元大仙听了清风的回报，居然一点儿也不生气。他笑道："这个吃货想为难我，可休想把我难倒，只要把15枚人参果丸子分别放入四个盘子，看他到底要吃几枚。随便他要吃几枚，只要是在1~15的范围内，我保证这人参果能够快速上桌。"

清风纳闷道："不知师父如何做到？"

镇元大仙笑道："那我们就从1~15枚人参果丸子逐一分析：

"首先，必须有一只盘子放入1枚人参果丸子，否则，猪八戒要吃1枚时就无法应付了。

"其次，有一盘要放入2枚人参果丸子，理由同上。是不是要有3枚人参果丸子放入一盘的呢？不必，因为把上面两盘倒在一起，就有1 + 2 = 3枚人参果丸子。

"第三盘要放入4枚人参果丸子，因为1 + 2 = 3（上面两盘人参果丸子相加），满足不了要吃4枚人参丸子的猪八戒。至于5、6、7这三个数，都不必另外准备，因为5 = 4 + 1，6 = 4 + 2，7 = 4 + 2 + 1，都可用上面的几盘人参果丸子加起来得到。

"第四盘一定要放入8枚丸子，因为4 + 2 + 1 = 7，无法凑出大于7的数，至于9~15等数都可以用上面的几盘人参果丸子加出来。这样厨师在四个盘子中分别放入8、4、2、1枚人参果丸子就可以了。而用四个盘子对付要吃1~15枚人参果丸子的猪八戒，也只有这种方法最简便可行。"

"师父真是高明！"清风佩服得五体投地，赶紧去厨房照办。

　　喜欢收藏硬币的小志有一堆 1 分、2 分和 5 分的硬币，现在想凑一分到一角的钱数，每种钱数都要求用最少的硬币，应该怎么凑？

一分：1 分硬币 1 枚；

两分：2 分硬币 1 枚；

三分：1 分硬币 1 枚＋2 分硬币 1 枚；

四分：2 分硬币 2 枚；

五分：5 分硬币 1 枚；

六分：5 分硬币 1 枚＋1 分硬币 1 枚；

七分：5 分硬币 1 枚＋2 分硬币 1 枚；

八分：5 分硬币 1 枚＋2 分硬币 1 枚＋1 分硬币 1 枚；

九分：5 分硬币 1 枚＋2 分硬币 2 枚；

一角：5 分硬币 2 枚。

白骨精的食盒划分

经历人参果树事件之后，镇元子与孙悟空结为兄弟，师徒四人在五庄观又住了几日才上路。

这一日，师徒四人走到一处深山老林，唐僧忽然说："悟空，我肚子饿了，你去哪里化些斋饭来吃啊？"

孙悟空赔笑道："师父已吃过人参果，还这么快就饿了，真是个直肠人！这里在半山中，前不着村，后不着店，叫俺老孙上哪里化缘？"

八戒趁机进谗言道："师父，大师兄就是想偷懒，他一个筋斗十万八千里，这里没吃的，十万八千里外还能没有吗？"

唐僧道："可不嘛！悟空，休得偷懒，快去快回！"

孙悟空如今头上戴了金箍，要时常提防唐僧一个不高兴就念紧箍咒，只得答应了。

孙悟空刚走，这山里的妖精可就出来了。

是什么妖精呢？原来是一只修炼千年的白骨精。白骨精本来就是人的白骨化作的妖精，因此很擅长变化人形，一般人是肉眼凡胎，根本看不出端倪。

此时，白骨精摇身一变，变成一个青春貌美的小妇人，挎着一个食盒，款款朝唐僧走去。

大徒弟虽然去化缘了，但二徒弟、三徒弟还在，这两人一个曾经是天庭的天蓬元帅，一个曾经是天庭的卷帘大将，都不是易与之辈。见有妇人靠近师父，八戒当即挥手拦住："女菩萨，往哪里去？手里提的又是什么东西？"

原来八戒的嗅觉最灵敏，早闻见食盒里面香味扑鼻。

妇人答道："胖长老，我提的是食盒，里面有大白馍馍和棒子面的窝窝头。本来是要给我夫君送去的，但看几位长老在此歇息，想必饿了，不如先给几位长老享用，就怕你们嫌弃我们乡下人的饭食粗糙。"

"不嫌弃，绝不嫌弃！"八戒赶紧把这好消息转告给唐僧。

唐僧还算谨慎，想这荒山野岭怎么突然冒出一个妇人？于是问道："女施主，你府上在何处？"

八戒暗笑："师父打听得如此清楚，莫非想去串门不成？"

妇人老实答道："师父，此山叫作白虎岭，正西下面白骨洞 158 号就是我家。家父家母都健在，他们乐善好施，喜欢读经斋僧。我是他们的女儿，也想把这些斋饭送给长老们吃。"

见唐僧再无异议，八戒抢先把食盒打开。只见这个正方形的食盒，里面还分了 6 行 6 列共 36 个小格子，不同格子处放了三角形的窝头和圆形的馍馍，数一数，窝头共 4 个，馍馍也是 4 个。

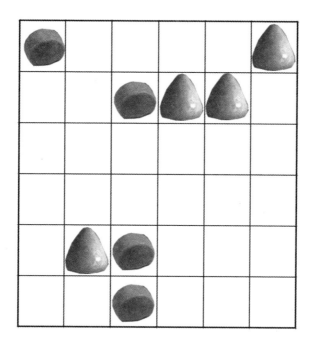

八戒喜道："正好分成四份，咱们师徒四人，一人一份……对啦，大师兄这么久不回来，想是在吃独食儿呢，他那一份不如给我吧？"

"胡闹，怎能不给你大师兄留一份？"唐僧怒道。

沙僧凑过来说："这馍馍和窝头摆放得颇为讲究，刚好可以把正方形的食盒分出形状相同、面积相等的四个区域，并且每个区域恰好都有一个馍馍加一个窝头。"

"沙师弟，这要怎么分？我可是半点儿看不出端倪。"八戒皱眉道。

沙僧手指食盒说道："二师兄，你看，把一个正方形分成形状相同、面积相等的四块，根据正方形的对称性，一般都是从中心点开始分，只要找到其中的一块，那么围绕中心点旋转90°，就可得到第二块，旋转180°、270°又可得到第三块、第四块。

"要想每块恰好都有馍馍和窝头，那么有两个馍馍或两个窝头的地方必须分开，我们可以先把其中两个并列在一起的馍馍分开，在两个馍馍之间画一段划分线，然后将它分别绕中心点旋转90°、180°、

270°，得到另外三段划分线；同理，我们可以把两个并列在一起的窝头分开，又可以得到四段划分线。

"另外，中间的四个小方格必须分属四块，不可能两格同属一块，这样又可得到四段划分线（如图 1 所示）。

"还有，这是 6×6 的正方形，每块必须由 $36 \div 4 = 9$ 个小正方形组成。

"在此基础上（图 1），从最里层开始，沿着划分线就可得到最终想要的结果（图 2）；

"这样 4 个区域，形状相同、面积相等，且都有一个馍馍和一个窝头。"

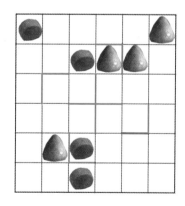

图 1

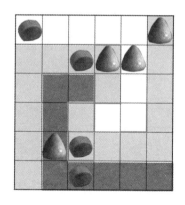

图 2

"真有你的啊，沙师弟，没白长一副大胡子！"八戒夸道。

沙僧尴尬地说："这跟胡子没关系吧？"

再说孙悟空从南山顶上摘了几个桃子，顾不得自己充饥，一个筋斗就折返回来，刚好看到那妇人正跟唐僧说话。孙悟空认出那妇人是个妖精，便把桃子往地上一放，拎出金箍棒，朝着妇人当头就打，唬得唐僧赶紧用手扯住他道："悟空！你这是要打谁？"

"师父，俺老孙打的就是你面前这个妇人，千万莫当她是好人。她是个妖精，要来骗你呢。"

唐僧道："你这猴头，以前挺有眼力的，今天怎么胡说八道！这位女施主发善心，特意拿来食盒斋僧，你怎么说她是个妖精？"

孙悟空千说万说，唐僧哪里肯信，只说妇人是个好人。

孙悟空心想口说无凭，把妖精的原形打出来再给师父见证，于是闪过唐僧，举起金箍棒，对着白骨精变化的妇人劈脸一棒打下去。白骨精毕竟有千年法力，在唐僧拦阻之时，就想好了对策，这时使个解尸法，预先

逃了，却把一个妇人的假尸首留在原地，唬得唐僧战战兢兢，口中念道："这猴子无礼！屡劝不从，无故伤人性命！"

孙悟空道："师父莫怪，你看食盒里是什么东西。"

沙僧搀着唐僧，上前一看，只见食盒里哪有什么窝头和馍馍，只跳出几只青蛙和癞蛤蟆。唐僧才有三分相信。可是八戒气不忿，在旁撺掇道："师父，说起这个女子，她是此间农妇，因为送饭下田，路遇我等，却怎么冤枉她是个妖怪？猴哥的棍重，试手打她一下，不料就打死了。又怕你念紧箍咒，故意使个障眼法，变出这些青蛙、蛤蟆来。"

唐僧哀叹一声，当即念起紧箍咒，把孙悟空疼得满地打滚。

自测题

把下面的正方形分出形状相同、面积相等的四个区域，并且每一个区域的数字之和都相等，要如何划分？

12	19	14	9
13	8	21	6
18	10	5	16
11	7	17	10

12	19	14	9
13	8	21	6
18	10	5	16
11	7	17	10

　　这样每个区域数字之和都是49，且形状相同、面积相等。

白骨精家的门牌号

话说孙悟空第一次跟白骨精交手，算是以失败告终，不但没有降伏白骨精，反倒白白挨了一通紧箍咒，还差点儿被唐僧扫地出门。幸好他一番恳求，总算让唐僧回心转意。

师徒四人吃了桃子，刚刚牵马提担要继续赶路，忽然见到前面山坡下有一个老婆婆，看模样已有八十多岁了，拄着一根弯头竹杖，一步一声地哭着走来。

八戒见了，大惊道："师父，不好了！人家妈妈来寻人了！"

孙悟空看得分明，立即指出其中的破绽："你个呆子，莫要胡说！刚刚那妇人 18 岁，这老婆婆至少有 80 岁，怎么 60 多岁还能生子？必定是假的！等俺老孙去看个究竟。"

原来那婆婆又是白骨精变的，知道唐僧分不清好人坏人，就冒险再骗他一骗。只要哄得唐僧赶走了孙悟空，那后面的事情就好办多了。

白骨精扮的老婆婆鬓如白雪，脸如枯菜，走路慢腾腾，一步三摇晃。

"老妈妈，山路这么难走，您倒是走得很稳当啊！"孙悟空故意揶揄道，那意思其实是说山路如此崎岖，你一个八十多岁的老人家，如何独自行走到此，岂不有诈？！

老婆婆丝毫不慌张，冷笑道："山里人家，走惯了山路，而且你嫌我老，我可不老，我是老当益壮。"

唐僧走过来问："老妈妈为何落泪？"

老婆婆掩面哭起来，哭后说道："我的女儿出去给丈夫送饭，谁知半天不回来，我担心她，就出来看看……"

唐僧瞪了孙悟空一眼，正不知道该如何解释。老婆婆忽然看到了地上的食盒，叫道："哎呀！那不是我女儿送饭的食盒吗？怎么会落在这里？"

孙悟空怕妖精趁机伤害师父，赶紧挡在两人中间："老妈妈，您说您不老，您可说得出您家住何处？门牌

号是多少？"

老婆婆镇定地说："我家就在白骨洞甲乙丙号。甲乙丙是何数字，却要你们自己来猜，看看到底是我老婆婆糊涂，还是你们糊涂！"

孙悟空道："那您说吧，这甲乙丙是何数字，总要给个范围吧？"

老婆婆继续说："乙减去甲得4，丙减去乙也得4。"

孙悟空沉思：

既然甲乙丙代表门牌号的三位数字，即百位是甲，十位是乙，个位是丙。

由妖精所说的"乙减去甲得4，丙减去乙也得4"可知：十位数字比个位数字小4，百位数字比十位数字小4，也就是百位数字比个位数字小8，每位数字最大是9，由此推断作为百位数字的甲只可能是1。

如此一来，十位数字乙是 $1 + 4 = 5$，个位数字丙是 $1 + 4 + 4 = 9$。

所以门牌号是 159 号。

想到此处，孙悟空开心地说道："我已经知道了，你家住在白骨洞 159 号。"

唐僧忽然道："不对啊，我记得她女儿说过，是住白骨洞 158 号的，如何差了 1 号？"

"哎呀，果然你们见过我女儿，这下承认了吧？你们这些恶僧人，快还我的女儿来！"老婆婆说着就张牙舞爪地朝唐僧身上抓来。

孙悟空知道妖精要行凶了，赶紧举棒照头便打。一棒下去，老婆婆也躺倒在地，然而白骨精还是化作一阵妖风逃走了。

自测题

有一个四位数甲乙丙丁，即千位是甲，百位是乙，十位是丙，个位是丁，甲是最大的一位数，乙比丙大 1，丙比丁大 1，甲乙丙丁之和是 21。这个四位数是多少？

因为乙比丙大1，丙比丁大1，

所以丙＝丁＋1，乙＝丙＋1＝丁＋1＋1＝丁＋2；

又因为甲乙丙丁之和是21，

所以甲＋乙＋丙＋丁＝21；

即甲＋（丁＋2）＋（丁＋1）＋丁＝21；

甲＋3丁＝18；

因为甲是最大的一位数，

所以甲至少比乙大1，即至少是丁＋3，

又因为甲最大只能是9，

所以丁不可能是1或2，

不然甲只能是15或12，都超过了9，

当丁＝3时，甲＝18－3×3＝9，符合题意，

所以这个四位数是9543。

这是不是唯一的解呢？

让我们再继续往下看，如果丁＝4，

甲＝18－4×3＝6，

到这里还没有太大问题，

然而这时候，乙＝丁＋2＝6，

导致甲跟乙一样大，不符合"甲是最大的一位数"这个条件，所以丁不能大于3，因此9543这个解是唯一的解。

白骨精青春几何

　　话说孙悟空第二次跟白骨精交手，一棒下去还是打空了，为什么呢？原来白骨精实在是老谋深算，溜得太快，目的就是引孙悟空出棒，之后立马丢具假尸体在原处，真身提前一步化作青烟飞上了天。

　　唐僧一见老婆婆也被孙悟空打死了，惊得从白龙马上摔下来，爬起来后二话不说，只是把紧箍咒颠来倒去足足念了二十遍。孙悟空疼得死去活来，满地翻滚。

　　唐僧不为所动，冷声说道："我百般劝化你，可你就是不听，刚打死一个，不知悔改，怎么又打死一个？"

　　"师父，我打死的不是好人，是妖精啊！"孙悟空含泪道。

　　唐僧道："你这猴子就爱胡说，哪里就有这许多妖怪！我看啊，你就是个无心向善之辈，你走吧，我不要你了！"

孙悟空知道师父要赶他走，眼泪夺眶而出，毕竟西行这么多年，师徒俩有了深厚的感情，不是亲人，胜似亲人。

孙悟空叹道："师父赶我走，我赖着不走，显得我无赖，走就走，可有一件事需要师父成全我。"

"什么事？"话说到这里，唐僧心中也生出几分不舍。

八戒插嘴道："师父，他要和你分行李呢。跟着你做了几年和尚，总不能空手回去见他的猴子猴孙吧？你把那包袱里的破衣烂衫分两件给他吧。"

孙悟空闻言，气得暴跳道："你个长嘴的夯货！老孙从无贪恋之心，怎会分什么行李？"

唐僧道："你既不贪恋，为何不走？"

孙悟空振振有词道："不瞒师父，老孙五百年前，在花果山水帘洞大展雄图，收降七十二洞妖魔，手下有四万七千群怪，头戴的是紫金冠，身穿的是赭黄袍，足踏的是步云履。自从做了您的徒弟，把这个破箍儿勒在我头上，若回去，如何有脸见故乡人？师父真不要我，就把松箍咒念一念，退下这个破箍子，我走得也潇洒，如何？"

唐僧踟蹰道："悟空，我当时只得菩萨教授一卷紧箍咒，并未教我松箍咒啊。"

孙悟空道："若无松箍咒，师父您还是留着我吧。"

唐僧无可奈何，只得道："好，我再饶你这一次，不可再行凶了。"

孙悟空忙道："再不敢了，再不敢了。"说完他赶紧倍加殷勤地服侍唐僧上马，师徒四人继续赶路。

又赶了一阵路，只见前方立着一座茅草屋，草屋门楣上门牌号写得分明——白骨洞160号，周围却再不见别的房子。

师徒刚来到茅草屋前，一个白发苍苍的老公公，一手拄着拐杖，一手掐着念珠从门里走了出来。

八戒道："师父，祸根来了。"

唐僧道："怎么是祸根？"

八戒道："大师兄打杀了他的女儿，又打杀了他的婆子，这回咱们送到人家门口了。大师兄使个法术就溜走了，只留下我们三个顶缸！"

孙悟空揪着八戒的耳朵道："你个呆子，这等胡说，可不吓坏了师父？等俺老孙再去看看。"

孙悟空抢先来到老公公身前，低叫道："妖精，你又露出破绽了！首先，你女儿说你家是 158 号，你婆娘却说你家是 159 号，可到了这里，你家门牌号上又写的是 160 号，你们家门牌能自己往上加数？"

老公公撇撇嘴："你管得着嘛！说错了不行啊？"

"第二个破绽就是你们夫妇俩老态龙钟，至少 80 岁上下，如何生得出 18 岁的女儿？"

"胡说，我女儿才不是 18 岁。"

"那你说说你女儿多大？"

老公公掐着念珠问道："长老贵姓？"

孙悟空昂首道："俺老孙行不更名、坐不改姓，自然姓孙了。"

老公公点头道："姓孙好，那我就用《孙子算经》中的一道题来告诉你我女儿的年龄吧。今有物不知其数，三三数之剩二，五五数之剩三，七七数之剩二。问物几何？"

孙悟空笑道："你说的好像绕口令，我来翻译翻译。这题目说的是有一些物品，不知道具体多少个，只知道将它们三个三个地数，会剩下两个；五个五个地数，会剩下三个；七个七个地数，会剩下两个。问这些物品的数量是多少个？

"其实单从题目看，答案可以有许多个，但是我只要回答出数字最小的答案即可，这也符合你女儿的岁数。

"具体的算术步骤：

"先求被 3 除余 2，并能同时被 5、7 整除的数（35、

70、105、140……），这样的数最小是 140；

"再求被 5 除余 3，并能同时被 3、7 整除的数（21、42、63……），这样的数最小是 63；

"然后求被 7 除余 2，并能同时被 3、5 整除的数（15、30……），这样的数最小是 30。

"140 + 63 + 30 = 233，得到的 233 就是一个符合要求的数。但这个数并不是最小的。

"再用求得的 233 减去或者加上 3、5、7 的最小公倍数 105 的倍数，就得到许许多多这样的数：

"23，128，233，338，443，……

"从而可知，23、128、233、338、443……都是这道题的解，而其中最小的解是 23。

"所以你女儿的年龄是 23 岁，对吗？"

孙悟空不厌其烦地道出详细计算过程，其实是故意跟妖精拖延时间，好把妖精可能逃去的方位与角度都算好了，不等妖精回答，突然一棒击出。这一次，才真正打死了白骨精！

自测题

会会的表哥已经参加工作了，他的年龄三个三个地数，会剩下 1；五个五个地数，会剩下 1；七个七个地数，会剩下 3。你们知道会会表哥的年龄吗？

数 学 小 知 识

《孙子算经》

《孙子算经》是中国古代重要的数学著作，成书大约在四五世纪，也就是距今大约 1500 年前，作者生平和编写年代不详。

传本的《孙子算经》共三卷。上卷详细讨论了度量衡的单位和筹算的制度和方法。中卷主要是关于分数的应用题，包括面积、体积、等比数列等计算题。下卷包括鸡兔同笼等应用题。中、下两卷共有各类算题 64 题。

数学桌面小游戏

找你的小伙伴一起来做这个游戏吧！

游戏准备：

制作如图所示的棋盘，你们可以将棋盘扩大，或是改变其中的数字。

游戏人数：

两人或多人。

游戏规则：

以图示棋盘为例，按照箭头所指示方向从左下角出发，向右上角的终点移动，将沿线的数字相加，假设每个黑点的数值是−2，看谁能最先找到数字之和为5的路径，再看看谁能最先把所有数字之和为5的路径找全。

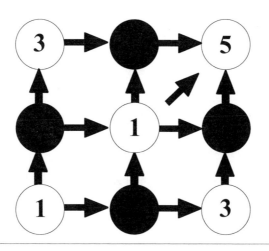

参考答案：

　　如下图所示的路径之和：1 - 2 + 1 + 5 = 5，符合游戏要求。

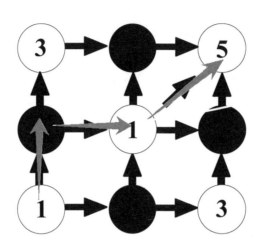

自测题答案

　　思考步骤：

　　先求被3除余1，并能同时被5、7整除的数（35、70、105、140……），这样的数最小是70；

　　再求被5除余1，并能同时被3、7整除的数（21、42、63……），这样的数最小是21；

然后求被 7 除余 3，并能同时被 3、5 整除的数（15、30、45……），这样的数最小是 45。

70 + 21 + 45 = 136，得到的 136 就是一个所要求的数。但这个数显然不符合会会表哥的年龄。

再用求得的 136 减去或者加上 3、5、7 的最小公倍数 105 的倍数，就得到许许多多这样的数：

31、136、241，……

其中最符合会会表哥年龄的解是 31。

四海龙王注水火云洞

师徒四人继续西行赶路，经历了宝象国、乌鸡国之难后，道路前方忽然现出一座摩天擦日的高山。唐僧看得心惊，急忙兜住缰绳呼唤悟空。

孙悟空支着金箍棒问道："师父有什么吩咐？"

唐僧手指前方道："你看前面又有大山峻岭，需要仔细提防，恐怕又有妖精惦记我身上的肉呢。"

孙悟空拍着胸脯道："师父您放宽心，只管走路，老孙自有防范的法门。"

不得不说，唐僧今天的预感还真准，在那山坳红光里真藏着一个妖精。他苦等唐僧多日不来，今日得见，欢欣鼓舞，只可惜胖和尚被三个丑和尚保镖护持住了，须得智取。

这妖精当即散去红光，按落云头，在山坡摇身一变，变作7岁顽童，用麻绳自捆了手足，高吊在松树梢头，口口声声只叫："救命！救命！"

唐僧最讲慈悲为怀，听到有人喊"救命"，怎能充耳不闻，当即拍马过去，问道："你是谁家孩儿？多大啦？怎么吊在这里？说与我听，好救你。"

顽童叹道："要问我年纪有多大，100 比我小，1000 比我大，我的年龄数字从左往右每位数字正好增加 2，各位数字之和是 21。你自己算算吧。"

唐僧奇道："既然你的年龄数比 1000 小，又比 100 大，那必然是三位数，也就是只有百位、十位、个位三个位数。

"从左往右每位数字正好增加 2，就是十位数比百位数大 2，个位数比十位数大 2；各位数字之和是 21，那么平均每个数就是 21÷3＝7，所以居中的十位数是 7，那么个位就是 7＋2＝9，百位就是 7－2＝5，也就是 579。

"算一算这三个数之和：5＋7＋9＝21，刚好符合你说的条件。

"可我看你不到 10 岁的年纪，如何会是 579 岁的'仙骨'老人？"

孙悟空担心唐僧，早就跟了过来，这时候笑呵呵地说："师父，这个小孩子或许真有 500 多岁了。想俺老孙五百年前大闹天宫，那时候居然已经有了他，没准还是俺老孙的亲戚朋友呢！"

顽童见唐僧算得快，不禁暗暗心惊，忙改口道："我是逗你们玩呢，我的岁数怎会这么大？实际上，我爹的年龄是我的 4 倍，我爹在他 21 岁那年生的我，这才是我的岁数。"

唐僧说："你爹既然是在他 21 岁那年生的你，说明你爹比你大 21 岁，再加上你爹的年龄是你的 4 倍，即比你大 3 倍，所以你的年龄是 $21 \div (4 - 1) = 7$（岁），这还差不多！"唐僧继续问道："那你为何被吊在树上？"

顽童哀叹一声，欲哭无泪地说："我爹为做生意借了高利贷，说好十分利，借 100 两银子，10 天内归还，可是过了 100 天还是还不上，这利息是每过 10 天就长 10 分。我家现在倾家荡产，父母双亡，我被放高利贷的人绑在这里索要赎金，已经吊了三天三夜了。"

八戒爱贪小便宜，别的本事没有，算利息可很在行，当即说道："十分利，利息就是本金的 10%，每过 10 天加 10%，100 天就是 10 个 10 天，即增加了 $9 \times 10\% = 90\%$，再算上原本的利息，即 $10\% + 90\% = 100\%$。好家伙，这笔高利贷 100 天后的利息就跟本金一样多啦！"

孙悟空却从顽童口中听出破绽，叫道："你被吊三天三夜，气色如何还这么好，小脸蛋还红扑扑的？说这么一大通话，气息匀称，哪里像是被吊了三天三夜的人？再有，你父母既已双亡，人家绑了你，向谁去索要赎金？你家倾家荡产，又哪里有钱交赎金？"

妖精暗中咬牙切齿，嘴上却伶牙俐齿地反驳："我身体强壮，吊六天六夜都不妨事，更何况才三天三夜？父母虽然双亡，但我还有亲戚，家里也有薄田几亩，烂屋几栋，自然交得起赎金。"

唐僧可是信了个十成十，知道叫不动疑心重的大徒弟，就让八戒把孩子从树梢上放下来。

孩子跪在马下对唐僧眼泪汪汪地只管磕头。

唐僧心慈，叫孩子上马，孩子摆手说不会骑。唐僧让八戒、沙僧驮他，孩子都不愿意。最后轮到叫悟空驮，孩子却欢喜地答应了。

孩子顺顺当当地趴伏在孙悟空背上，孙悟空试了试对方的斤两，估摸着只有三四斤重，当即说道："你既是好人家儿女，怎么这么轻？"

孩子坦然说道："我骨架子小。"

孙悟空笑道："就算一岁长一斤，你说你七岁，也该七斤重，怎么会不满四斤重？"

孩子哼道："我们这里伙食差，不比你们云游方外的和尚，吃百家饭长大。"

孙悟空见斗嘴分不出胜负，只好叹气说："也罢，我驮着你，总好过让你去害师父和师弟。"

就这样，唐僧、八戒、沙僧在前面走，孙悟空驮着妖精跟在后面，心中计算着寻个好地方把背上的妖精摔个粉身碎骨。

妖精有所察觉，先使个神通，深吸了四口气，一口气二百五十斤，吹在孙悟空背上，孙悟空便觉有千斤重。

孙悟空笑道："好你个臭妖精，口气这么重！想用重身法压我？嘿嘿，孙爷爷我力气大，不怕你！"

妖精吓得赶紧元神跳出，搬了块小山样的巨石压在孙悟空背上。

孙悟空怒了，抓过背后的"东西"，往路边用力一掼，却是一地碎石。

妖精在半空里弄了一阵旋风，顿时飞沙走石，黄沙迷目，刮得唐僧马上难存，八戒不敢仰视，沙僧低头掩面。妖精趁机兜到前面，一把掳走了唐僧。

等到风声渐息，日色光明，孙悟空上前观看，只见行李担丢在地上，八戒伏于崖下呻吟，沙僧蹲在坡前叫唤，唐僧却不见了踪影。

"这下完了，师父没了，咱们也散伙吧。"孙悟空摊开双手说道。

"我早就说要散伙嘛，这西天路无穷无尽，几时能到得？！"八戒跟着说道。

沙僧闻言惊出一身冷汗："两位师兄，你们都说的是什么话？我等之前犯错，感蒙观世音菩萨劝化，保护师父上西方拜佛求经，将功折罪。现在半途而废，岂不惹人耻笑？"

孙悟空叹道："沙师弟说得对，我只是气师父不辨善恶和真假。"

孙悟空当即召唤山神出来，查明那妖精的身份，原来是号山枯松涧火云洞的魔王，名叫红孩儿，其父牛魔王，其母铁扇公主。

孙悟空闻言满心欢喜，对八戒、沙僧道："兄弟们放心，师父没事儿了，那妖精与我有亲。"

再说那红孩儿正在洞府里刷洗唐僧，准备要上笼蒸着吃呢。唐僧后悔没有听孙悟空的劝告，正偷偷抹着眼泪。

红孩儿对唐僧说："大和尚你看，我这灶间有三口锅，分别是金锅、银锅和铁锅，三口锅的平均温度是80℃，金锅、银锅的温度总共是130℃，银锅、铁锅的温度总共是210℃，你自己挑一口锅吧。"

唐僧虽然伤心，但算术的功底还在，小心翼翼地计算起来：

总温度除以总锅数，就可得到每只锅的平均温度，

即平均温度 × 锅数 = 总温度，

可以先算出总温度为 $80 \times 3 = 240$（℃），

既然银锅和铁锅的温度总共是210℃，所以用三口锅的总温度240℃减去210℃，就能得出金锅的温度是30℃；

同理求出铁锅的温度是 240 − 130 = 110（℃）；

那么剩下的银锅就是 240 − 30 − 110 = 100（℃）；

这么一比较，还是金锅温度最低。

唐僧赶紧说道："我还是选金锅吧……"

"你这大和尚算得倒是门儿清！"红孩儿正要把唐僧往金锅里塞，忽然有小妖报告："有个毛脸雷公嘴的和尚，带一个长嘴大耳的和尚，在门前吵嚷，要求放了他们的师父。"

红孩儿当即披挂整齐，拿了丈八长的火尖枪，带领一班小妖，开了前门，推出五辆小车。

八戒看了就笑道："猴哥，这妖精想是怕了我们，推出车子，准备搬家呢。这四野无人，道途险阻，却不知要搬去哪里！"

孙悟空摆手说："先不要轻敌，我看他们这五辆小车似乎颇有门道！"

八戒说："不就是五辆小车，上面还有金、木、水、火、土的字样吗？"

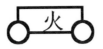

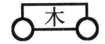

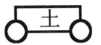

　　"就是这个……恐怕这里暗含着五行相生相克之术。"孙悟空沉吟道。

　　"相生相克？这是怎么回事？"

　　"你看这张五行图……"孙悟空当即用金箍棒在地上画出跟五辆小车一样排布的五行图。

　　"这里，金、水、木、火、土是有一定顺序的，金生水，水生木，木生火，火生土，土生金。呆子你看，凡是彼此邻近的都是相生的，而最远端的两个都是相克的，金克木，木克土，土克水，水克火，火克金。这是近生远克，也是一物降一物的道理。"

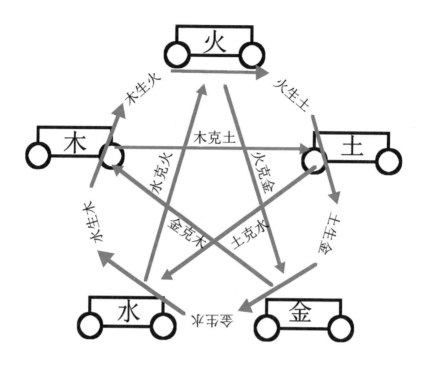

　　这边孙悟空和八戒还在研究小车的五行阵法，那边红孩儿早等得不耐烦，暴喝一声道："什么人在我府门前滋事？"

　　孙悟空走近前笑道："好贤侄，快把我师父放出来，免得大家亲戚一场，伤了和气。"

　　"谁是你亲戚？"

　　孙悟空有些恼，压着火气，说起大闹天宫前跟牛魔王结拜兄弟的往事。

那时候红孩儿还未出生，自然不肯相信。红孩儿也不废话，举起火尖枪就刺。孙悟空闪过枪头，抢起铁棒，骂道："你这小畜生，不识高低！看棍！"

红孩儿让过铁棒，同样骂道："泼猢狲，不识时务！看枪！"

红孩儿与孙悟空大战二十回合，不分胜负。猪八戒耐不住性子，跳到半空，举起九齿钉耙朝红孩儿劈头就打。红孩儿见了心惊，急忙拖枪败下阵来。

悟空、八戒往前追击，可那五辆小车喷出烟火，阻住了两人的去路。

紧跟着，红孩儿站在中间一辆小车上，一只手捏着拳头，往自己鼻子上捶了两拳。

八戒笑道："你看这小孩，没羞没臊，打不过人就打自己，耍赖皮嘛！"

谁知红孩儿鼻子里没有流血，反倒是喷出了三昧真火。

烟火弥漫，八戒先慌了，怕变成烤猪，脚底抹油溜之大吉。

孙悟空虽然会避火诀，怎奈烟气太重，呛得他直咳嗽，只好抽身跳出火外。

哥儿俩去找沙僧商量，沙僧给他们出了一个主意："哥哥们难道忘了水能克火吗？任凭那个小娃娃再会放火，只要找来大水，就能灭他的火！"

"对啊！"孙悟空喜得抓耳挠腮，"我去东海龙宫求助去！"

孙悟空纵起筋斗云，顷刻来到东海，见到龙王敖广，把借水的事情说了。

敖广答应会齐其他三海龙王，共同效力。敖广一面撞动铁鼓金钟召集三海龙王，一面派出巡海夜叉先行调查注满火云洞所需要的水量。

不多时，南海龙王敖钦、北海龙王敖闰、西海龙王敖顺都到了，与孙悟空、敖广一同来到号山枯松涧上方。

这时，巡海夜叉也已经调查明白，禀告说："火云洞注满水要 1 个时辰，放干水要 4 个时辰。"

孙悟空皱眉道："那个红孩儿可不傻，我们往他洞里倾倒大水，他焉有不同时放水的道理？"

敖广笑道："大圣不必多虑，即使同时注水和放水，只要花上一定的时间，就能将这洞府注满。"

孙悟空脑子一转，计算起来：

火云洞注满水要 1 个时辰，放干水要 4 个时辰。

假设火云洞的储水量为单位 1，火云洞注满水要 1 个时辰，每个时辰注入水的速度就是 $1 \div 1 = 1$；

火云洞放干水要 4 个时辰，每个时辰流出水的速度就是 $1 \div 4 = \frac{1}{4}$；

注入水和流出水的速度差就是每个时辰能存的水量，即 $1 - \frac{1}{4} = \frac{3}{4}$；

储水总量除以每个时辰能存的水量，就是注满水所需的时间，即 $1 \div \frac{3}{4} = \frac{4}{3}$。

所以火云洞同时注水和放水，花 $\frac{4}{3}$ 个时辰就能将洞府注满。

孙悟空计算明白，这才放心，便到火云洞门前叫阵。

红孩儿派人推着小车得意扬扬地出来，等看到孙悟空，把车一停，骂道："你这猴头，忒不知变通。那唐僧与你做得师父，也与我做得下酒菜，你想要回师父。

做你的白日梦！"

孙悟空恼羞成怒，抽出金箍棒劈头就打。红孩儿举起火尖枪，急忙相迎。这一场打斗，比前一次更加激烈，直杀得天昏地暗，日月无光。红孩儿见不能取胜，虚晃一枪，用捶打鼻子的招数故技重施，马上喷出火来。那门前五辆五行车子上，同时烟火迸起，赤焰飞腾。

孙悟空回头叫道："四海龙王何在？"

四海龙王便率领龙子龙孙一齐往下喷水，于是乎，沟壑水飞千丈玉，疑是银河落九天。

只不过这些雨水对于眼前的大火一点儿作用没有。原来龙王的私雨只能泼得凡火，红孩儿的三昧真火如何泼得？好似火上浇油，越泼火越旺。

孙悟空冒着火光去打红孩儿，不想被红孩儿抽冷子喷了一股浓烟，呛得他一下子昏厥过去。

八戒为救悟空，驾起云朵去找南海观音求助，半路上却被红孩儿变的假观音捉拿到了洞中。

孙悟空自己醒来后，冷静下来，变成一只飞虫进洞打探消息，正好赶上红孩儿派急如火、快如风等六个小妖去请牛魔王来赴唐僧宴。孙悟空将计就计，索性在半路上变作牛魔王，被小妖们前呼后拥地领进了火云洞。

红孩儿当面跪下，朝上叩头道："父王，孩儿拜揖。"

孙悟空暗笑：让你拿烟熏我，这回还不多磕几个头，给你叔叔赔不是？

问明了被请来的缘由，孙悟空开始使用缓兵之计，说道："这唐僧肉不急着吃。我从每月一日起，每四天做一次小祷，每七天做一次大祷，如果正好小祷、大祷赶上同一天，就要吃素，不吃荤。今天偏偏就赶上了，你说巧不巧？儿啊，咱们明日再吃唐僧肉好了。"

红孩儿不禁满腹生疑："按照父王所说，因为一个是4的倍数，一个是7的倍数，4和7的最小公倍数是28，而且起始日是每月一日，所以小祷、大祷赶上同一天的日期应该是28号。可今天偏偏是26号，日期对不上！另外，父王平日从不吃素，活了一千余岁，怎么如今突然又是小祷又是大祷，还吃起斋来了？可疑！可疑！实在可疑！"

红孩儿假装去上茅房，来到二门外，问急如火、快如风是在哪里接到的父王。

六小妖道："半路请来的。"

红孩儿道："我说你们来得这么快，不曾到家吗？"

六小妖道："是，不曾到家。"

红孩儿叫道："不好了！中了猴子的奸计！这不是真的老大王！"

红孩儿回来就问孙悟空自己的生辰八字，孙悟空自然答不出来。红孩儿便亮出家伙，众小妖也把孙悟空团团围住。

孙悟空拿金箍棒架住，现出本相，对红孩儿说："贤侄，哪里有儿子打老子的？"

红孩儿听了满面羞惭。孙悟空大摇大摆地离去，然后纵起筋斗云，亲自去请南海观音。

观音菩萨得知孙悟空的来意，便叫惠岸行者去托塔李天王那里借来了 36 把天罡刀，然后驾着七宝莲台，跟孙悟空一起来到号山顶上。

菩萨拔杨柳枝，蘸甘露，在孙悟空的手心里写了一个数字谜语，教他："捏着拳头，快去与那妖精索战，只许败不许胜。败到我跟前，我自有法力收他。"

孙悟空领命，重回洞口，拍门索战。红孩儿再次出迎。

孙悟空把拳头一张，露出手心里的数字谜语：$0 + 0 = 1$。

"贤侄，你可知这是什么意思？"

红孩儿"呸"了一声："故弄玄虚，我哪知是什么意思。"

孙悟空笑道："此乃无中生有！"说着话当即败走，红孩儿便挺着火尖枪追上来。

孙悟空来到菩萨身前，将身一晃，藏在菩萨的神光里。红孩儿寻不到孙悟空，就冲菩萨发火道："你是孙猴子请来的救兵吗？"

菩萨不答应。红孩儿便朝菩萨刺来一枪，枪尖到处，菩萨却无影无踪，只剩下七宝莲台熠熠放光。

红孩儿毕竟是顽童心性，学着菩萨的样子，盘手盘脚，坐上了莲台。

突然间，莲台花彩俱无，祥光尽散，红孩儿的屁股下面却凭空多出了 36 把天罡刀，正应了数字谜语之意，把红孩儿牢牢困住，让他动弹不得。

观音菩萨这才现身，收红孩儿做了善财童子。

1. 数字谜语：$\dfrac{100}{2}$ = 90，打一个成语，你们知道是什么吗？

2. 西游乐园向银行申请甲、乙两种贷款共 40 万元，每年需付利息 5 万元。甲种贷款年利率为 14%，乙种贷款年利率为 12%，你们知道西游乐园向银行申请甲种贷款多少万元吗？

3. 有一个游泳池，注满水要 4 小时，放干水要 9 小时，同时注水和放水，注满游泳池要多长时间？

4. 一家工厂全年无休，从 1 月 1 日起，每 10 天做一次小考核，每 15 天做一次大考核，那么这一年第二次赶上小考核和大考核是同一天的日子是几月几日？

1. 谜底是——行百里者半九十。

2. 假设申请甲种贷款 x 万元,则乙种贷款就是 40 − x 万元,根据两种贷款的利息之和列出方程:

x × 14% + (40 − x) × 12% = 5;

14x + (40 − x) × 12 = 500;

14x − 12x + 480 = 500;

2x = 20;

x = 10(万元)。

所以西游乐园向银行申请甲种贷款 10 万元。

3. 假设游泳池的储水量为单位 1,

游泳池注满水要 4 小时,每小时注入水的速度就是

$1 \div 4 = \frac{1}{4}$;

游泳池放干水要 9 小时,每小时流出水的速度就是

$1 \div 9 = \frac{1}{9}$;

注入水和流出水的速度差就是每小时能存的水量,即

$\dfrac{1}{4} - \dfrac{1}{9} = \dfrac{5}{36}$;

储水总量除以每小时能存的水量，就是注满水的时间，

即 $1 \div \dfrac{5}{36} = 7\dfrac{1}{5}$ （小时）。

所以，同时注水和放水，注满游泳池要 $7\dfrac{1}{5}$ 小时。

4. 因为一个是 10 的倍数，一个是 15 的倍数，小考核和大考核的最小公倍数是 $2 \times 3 \times 5 = 30$，所以一年第一次赶上小考核和大考核是同一天的日子是 1 月 30 日，1 月有 31 天，如果不是闰年，2 月有 28 天，所以 30 天后，即这一年第二次赶上小考核和大考核是同一天的日子是 3 月 1 日。

火焰山的火焰绵延多少里

话说师徒四人经历了黑水河、车迟国、通天河等磨难后，继续往西边赶路，越走越觉热气蒸人。八戒最胖，胖人又最怕热，早早就打了赤膊；唐僧人在马上也是不停抹汗；沙僧最是能忍，身上的袈裟也已经湿透；孙悟空同样热得抓耳挠腮，口干舌燥。

沙僧是挑担子管行李的，他面带忧愁地说："原来咱们每天只喝 2 斤水，上次补给的水可以喝 6 天，现在天气炎热，每半天就要喝掉 3 斤水，你们算算咱们还能坚持多久吧！"

唐僧便道："原来每天喝 2 斤水，可以喝 6 天，现在每半天喝 3 斤水，能喝几天呢？这个在术数中属于归总问题，因此要先求出总数量，再做进一步思考。

"每天喝 2 斤水，可以喝 6 天，那么我们行李中水的总量就是：$2 \times 6 = 12$（斤）；

"现在每半天喝3斤水，相当于每天喝3×2 = 6（斤）；

"用总量除以现在每天喝的量，就能得到可以喝的

天数：

"12 ÷ 6 = 2（天）。

"所以我们行李中的水在火焰山还能坚持2天！"

"哎呀师父，一听算算术，俺就头疼！还是让俺老猪受累，去打听打听这里的情况吧！"八戒手搭凉棚，看到不远处正好有两位老者面对面坐着，直勾勾看着两人中间的土地，像是在对弈下棋，于是走过去询问此间为何如此炎热。

不一会儿，八戒捧着大肚子走回来，对孙悟空说："猴哥，你老觉得自己聪明，我就考你一考。刚刚我过去，见那两位老者不是在下棋，而是在端详地上写的一个两位数。"

"哦？那数字有何神奇之处，让他们这么盯着看？"孙悟空眨眨眼睛，被勾起了好奇心。

"那个两位数本身没什么稀奇，但是因为两名老者相对而坐，所以同样的数字，在他们眼里却是不同的数字，而且其中一个人看到的数比另一个人看到的数多一半。猴哥，你说说这个数是多少？"

孙悟空虽然热得上蹿下跳，但脑子依旧清醒，说道："既然两名老者看到的数字不同，就表示这个两位数正看、倒看都是数，在阿拉伯数字中，只有0、1、6、8、9这五个数字正看、倒看都是数。而且，这个两位数中肯定没有 0。

"因为，一个两位数，在十位数上最小是 1，最大是 9，比如 10，倒过来看就是 01。

"排除 0 后，剩下的只有 1、6、8、9。

"这样的组合不多，可以用枚举法，一个一个来看。如果是 16，倒过来是 91，两者差得太大，不符合一个数比另一个数大一半的条件；

"18、81 同样如此，68、86 和 69、96 虽然差得不大，但同样不符合多一半的条件；

"那么只包含数字 1 的 11 和只包含数字 8 的 88 行吗？

"更不行了，因为 11 和 88 正看、倒看都是同样的数。

"最后只剩下 66 和 99，$99 - 66 = 33$，$33 \times 2 = 66$，刚好符合大一半的条件。

"所以这个两位数是 66 或 99。"

"猴哥，厉害啊！"八戒心悦诚服地竖起大拇指。

"别夸我，你还没说打探到什么消息，这里为何如此炎热啊？"

八戒坏笑道："打听到了，说起来还是猴哥你的罪过呢。"

"怎么是我的罪过？"

"这里叫作火焰山，无春无秋更无冬，四季皆热，咱们往西边走，这火焰山却是必经之路，无法绕开。山虽不大，但火焰绵延的里数是山高的三倍，火焰山长加山高足有八百里，周围寸草不生。若想过山，就是铜脑壳、铁身躯，也要化成汁呢。"

沙僧说："二师兄说得热闹，可这火焰山长和山高到底各是多少呢？"

孙悟空笑道："他这个呆子，倒也有心情玩起算术来啦！沙师弟，我告诉你，这属于和倍问题，可以直接利用它们之间的数量关系公式：两数和÷（倍数＋1）＝小数，即 800÷（3＋1）＝200（里），这是山的高度200里；

"200×3＝600（里），这是火焰山的长度600里。"

沙僧点点头，又问八戒："可为什么说是大师兄的罪过呢？"

"还没说到呢。猴哥当年大闹天宫，踢翻了太上老君的炼丹炉，一块炉片掉落此地，才化作了火焰山啊！"八戒说。

"惭愧，惭愧，老孙负责到底。可有解法？"

"有啊。此去西南方向，有一座翠云山，山中有一芭蕉洞，洞中住着铁扇仙，铁扇仙有一柄芭蕉扇，一扇熄火，二扇生风，三扇下雨。这里的黎民百姓都是在播种时节去借了芭蕉扇才能讨生活。只不过路途遥远，每天就算走97里地，来回一趟也要30天的时间！"

孙悟空转着眼珠说道："来回一趟是30天，单单去到那里就是15天，那翠云山距这里便有97×15＝1455里。好说，好说，借扇子的活儿就包在俺老孙身上！"

孙悟空一个筋斗云就来到了芭蕉洞口，开始叫门。

不一会儿，一个提着花篮、担着花锄的侍女迎出来。

孙悟空合掌，客客气气地说："女童，劳烦你转报铁扇仙一声。我本是取经的和尚，现在受阻火焰山，特来拜借芭蕉扇一用。"

侍女道："你是哪个寺里的和尚？叫什么名字？我好与你通报。"

孙悟空道："我是东土来的，叫作孙悟空。"

铁扇仙在里面一听来的是孙悟空，顿时火冒三丈，一阵风似的冲出来质问孙悟空："好你个泼猴！坑害了我的孩儿，害得我们母子分离，你还有脸来借扇子？"

"嫂嫂息怒，令郎如今跟着观音菩萨，做善财童子，那是平步青云啦！"孙悟空乖巧，尽拣好话招呼。

铁扇仙嗔怒道："我自己家的账目还算不清呢，我那儿郎又懂什么理财？"

"嫂嫂家有何账目不清，不妨说来听听。"

"我让侍女采买桌椅，买 1 张桌子和 2 把椅子共花去 336 文钱，又买 1 张桌子和 5 把椅子花去了 540 文钱。问她桌椅的单价各是多少钱，她却说不清楚。"

孙悟空笑道："嫂嫂不用着急，这个简单，我帮您算……这个账目可以先列出两个式子，再用消元法就可以解决了。

"第一个式子：1 张桌子 + 2 把椅子 = 336 文钱；

"第二个式子：1 张桌子 + 5 把椅子 = 540 文钱。

"用第二个式子减去第一个式子，两式共有的 1 张桌子就消没了，只剩下：5 把椅子－2 把椅子＝（540 － 336）文钱；

"解得 3 把椅子＝ 204 文钱，

"则 1 把椅子＝ 68 文钱。

"再把'1 把椅子＝ 68 文钱'代入第一个式子，

"1 张桌子＋ 2×68 文钱＝ 336 文钱，

"则 1 张桌子＝ 336 － 136 ＝ 200 文钱。

"所以桌椅的单价分别是200 文钱和68 文钱。嫂嫂，账目可清晰了些？"

铁扇仙气哼哼地说："你算得这么好，你去给菩萨当善财童子啊，把我的红孩儿换回来！"

"要换回来恐怕不行，这样好了，嫂嫂想要出气，尽管拿我出。"

铁扇仙怒道："好！你伸过头来，等我砍上几剑！若受得疼痛，就借扇子与你；若忍耐不得，叫你早见阎君！"

孙悟空梗着脖子、伸着猴头向前，说："任嫂嫂砍多少剑都成，直到没气力便罢。"

铁扇仙不容分说，双手抡剑，乒乒乓乓，一通砍瓜切菜只往猴头上劈落。孙悟空乃是石猴，又吃过蟠桃和金丹，谁能砍得动？

砍了十几剑后，孙悟空毫发未伤。铁扇仙自己害怕了，回头要走，被孙悟空拦住道："嫂嫂，哪里去？快借我扇子使使！"

铁扇仙反悔道："我的宝贝原不轻借。"

孙悟空只得用强，扯出金箍棒道："既不肯借，吃你老叔一棒！"

两个人便在翠云山前，不论亲情，只讲仇隙，棒来剑往，杀在一处。

两人争斗相持到了晚上，铁扇仙见猴子棒重，又解数周密，料想斗他不过，于是取出芭蕉扇晃一晃，一扇阴风习习，把孙悟空扇得无影无踪。

1.菁菁负责管理班费支出，原来每周支出 5 元，可以用 20 周；现在节省开支，每周支出少了 1 元。请问，同样多的班费可以用多少周呢？比原来多用几周？

2.果冻、果珍两兄妹参加跳蚤市场义卖活动，果冻挣的钱是妹妹果珍的两倍，两人一共挣了 135 元钱。最后，这笔钱都捐给了希望小学。你知道他们兄妹俩各自挣了多少钱吗？

3.红红去文具店买尺子和橡皮，买 2 把尺子和 6 块橡皮共花去 10 元钱，这时候同学婧婧打来电话，让红红帮忙再买 4 把尺子和 15 块橡皮，又花去 23 元钱。你知道尺子和橡皮的单价各是多少钱吗？

数学小知识

归总问题

解题时，通常先找出总数量，再根据其他条件算出所求的问题，叫归总问题。

这里的总数量指货物总价、总工作量、总产量、总路程等，比如故事中的总水量。

数量关系：

1份数量 × 份数＝总数量；

总数量 ÷1份数量＝份数；

总数量 ÷ 另一种份数＝另一种1份数量。

和倍问题

已知两个数的和与两个数的倍数关系（大数是小数的几倍），求两个数各是多少的问题，叫和倍问题。

数量关系：

两数和 ÷（倍数＋1）＝小数；

小数 × 倍数＝大数；

两数和－小数＝大数。

枚举法

将问题所有可能的答案一一列举，然后根据条件判断答案是否合适，合适就保留，不合适就丢弃。

采用枚举算法解题的基本思路：

（1）确定枚举对象、枚举范围和判定条件；

（2）枚举可能的解，验证是否是问题的解。

消元法

消元法指将许多关系式中的若干个元素通过有限次的变换，消去其中的某些元素，从而使问题获得解决的一种解题方法。

消元法主要有代入消元法、加减消元法、整体消元法、换元消元法、构造消元法、因式分解消元法、常数消元法、利用比例性质消元法等。

其中最常用的为代入消元法和加减消元法。

代入消元法是将方程组中的一个方程的未知数用含有另一个未知数的代数式表示，并代入另一个方程中，这就消去了一个未知数，得到一个解。

加减消元法指利用等式的性质，使方程组中两个方程中的某一个未知数前的系数的绝对值相等，然后把两个方程相加或相减，以消去这个未知数，使方程只含有一个未知数而得以求解。

1.先求出总数量,再根据题意得出所求的数量。

每周支出 5 元,可以用 20 周,那么班费总数就是:

$5 \times 20 = 100$(元);

现在每周支出少了 1 元,相当于每周支出 $5 - 1 = 4$(元);

用总量除以现在每周支出的钱数,就能得到可以用的周数:

$100 \div 4 = 25$(周)。

$25 - 20 = 5$(周)。

所以同样的班费现在可以用 25 周,比原来多用 5 周。

2.两数和 ÷(倍数 + 1)= 小数,

即 $135 \div (2 + 1) = 45$(元),这是果珍挣的钱数;

$45 \times 2 = 90$(元),这是果冻挣的钱数。

所以兄妹俩各自挣了 90 元和 45 元。

3.根据题意列出算式如下:

2 把尺子 + 6 块橡皮 = 10 元钱;(1)

4 把尺子 + 15 块橡皮 = 23 元钱;(2)

要想消元,先用(1)式 ×2,得到:

4 把尺子＋ 12 块橡皮＝ 20 元钱；（3）

再用（2）式减去（3）式，得到：

3 块橡皮＝ 3 元钱；

即 1 块橡皮＝ 1 元钱；

代入（1）式，得到 2 把尺子＋ 6×1 元钱＝ 10 元钱；

解得 1 把尺子＝ 2 元钱。

所以尺子和橡皮的单价分别是 2 元钱和 1 元钱。

大圣巧称定风丹

　　话说孙悟空被铁扇公主的芭蕉扇一扇，便飘飘荡荡，左沉不能落地，右坠不得存身，就如同那旋风翻败叶，流水淌残花，滚了一夜。直至天明，他才落在一座山上，双手抱住一块峰石。

　　孙悟空翻滚得头昏眼花，喘息良久，仔细观看，才认出这里是小须弥山。

　　孙悟空长叹一声："好厉害的妇人！怎么就把老孙扇到这里来了？快赶上俺的筋斗云了！我记得当年曾在此处告求灵吉菩萨降黄风怪救师父。等我下去跟灵吉菩萨打个招呼，再回旧路。"

　　孙悟空急下山坡，来到禅院。那门前道人认得孙悟空的样子，马上进里面报告："前年来请菩萨去降黄风怪的那个毛脸大圣又来了。"

　　灵吉菩萨知是孙悟空，连忙下宝座相迎，施礼道：

"恭喜大圣！取经回来了？"

孙悟空尴尬地挠挠头："哪有这么快啊！还早呢！"

灵吉菩萨问："既然未曾到雷音，为何跑来我的荒山？"

孙悟空叹道："自上年蒙菩萨帮忙降了黄风怪，一路上不知经历过多少苦难。现在好不容易到了火焰山，又被阻住去路，询问当地人，说有个铁扇仙有芭蕉扇，能把火扇灭。老孙特去寻访，原来还算是熟人！那铁扇仙是牛魔王的妻子，红孩儿的母亲。她说我害她儿子做了观音菩萨的童子，不得常与儿子相见，跟我为仇，不肯借扇，还与我争斗。她打不过我，就用扇子对着我一扇，扇得我悠悠荡荡，到了此处方才落住。故此造访菩萨的禅院问个归路，此处到火焰山不知有多少里？"

灵吉菩萨笑道："那妇人名叫罗刹女，又叫铁扇公主。她的那把芭蕉扇本是昆仑山后，自混沌开辟以来天地生成的一个灵宝，乃太阳之精叶，故能灭火气。假如对着人扇，要飘出去八万四千里。我这山到火焰山不到五万里，这还是大圣你有留云之能，半途停住了。若是普通人，还要扇得更远些。那黄风岭到这儿与火焰山到这儿的总路程正好有五万里，而两者相差四万四千里。大圣据此应该能够推算出从黄风岭到小须弥山有多少里，从火焰山到小须弥山又有多少里了吧？"

孙悟空道："这种题目属于和差问题，可以直接利用它们之间的数量关系公式：

"大数＝（和＋差）÷2，即（50000＋44000）÷2＝94000÷2＝47000（里）；

"小数＝（和－差）÷2，即（50000－44000）÷2＝6000÷2＝3000（里）。

"那么小数和大数分别对应哪段距离呢？您刚刚又说'这山到火焰山，不到五万里'，'不到五万里'就是接近五万里，所以从火焰山到小须弥山是47000里，从黄风岭到小须弥山是3000里。"

"大圣，你这算术的头脑不减当年啊！"灵吉菩萨赞道。

孙悟空羞愧道："打斗的本领可是比当年相去甚远，连把扇子都对付不了，还请菩萨相助！"

灵吉菩萨想了想道："大圣放心，我有办法。我当年受如来教旨，赐我一粒定风丹、一柄飞龙杖。飞龙杖在当年降风魔的时候已经用了，这定风丹尚未曾用，但毕竟是件宝贝，不能轻易赠人。"

孙悟空急道："师父还等着我回去呢，菩萨快说，如何才能送我？"

灵吉菩萨道："这样吧，我把定风丹藏在九颗佛珠的其中一颗里，藏有定风丹的佛珠和其他佛珠重量不同，要重一些。我这里还有一架天平供大圣使用，但你只能称两次，而且没有计量的砝码，你如果能够在两次内找出重量与众不同的那颗佛珠，定风丹就是大圣的。"

孙悟空冥思苦想，终于想出了方法：

只要先把九颗佛珠分为甲、乙、丙三组，每组三颗。再把甲、乙两组放在天平的左、右两边，如果平衡，则藏有定风丹的佛珠在丙组里；若不平衡，哪组较重，藏有定风丹的佛珠就在哪组中。

再从有定风丹的那组中任意选择两颗称量。如果天平平衡，则余下的那颗就是藏有定风丹的佛珠；若不平衡，较重的那颗就是藏有定风丹的佛珠。

孙悟空依照此法很快找到了藏有定风丹的佛珠。

灵吉菩萨信守诺言，将定风丹赠予孙悟空，说道："如今大圣有了定风丹，管教那铁扇公主扇你不动！"

孙悟空低头作礼，感激不尽。

孙悟空返回翠云山，用金箍棒敲打着洞门叫道："开门！开门！你孙叔叔来借扇子喽！"

慌得那门里的侍女急忙去打报告："奶奶，借扇子的猴子又来了！"

铁扇仙悚惧道："这泼猴真有本事！我的宝贝扇着人，要飞出去八万四千里方能停稳，他怎么才被吹走就回来了？好，这番等我一连扇他三扇，叫他再也找不到归路。"

铁扇仙双手提剑，走出门来道："泼猴！你不怕我？又来寻死！"

孙悟空嬉皮笑脸道："嫂嫂别吝啬嘛，扇子借我使使，保得唐僧过山，就送还你。"

铁扇仙恨得牙痒："泼猢狲！夺子之仇，尚未得报，哪能再把宝贝借你？！你不要走，吃老娘一剑！"

孙悟空赖皮赖脸道："好，你不借我扇子，我还不走了，住你的、吃你的，把你这翠云山都吃平了！"

铁扇仙跟孙悟空斗了几个回合，知道难以取胜，便拿出芭蕉扇，对着孙悟空使劲一扇。孙悟空岿然不动，还笑吟吟地道："今夕不同往日！任凭你怎么扇，老孙若动一动，就不算好汉！"

　　铁扇仙又扇了好几扇，但孙悟空还是稳如泰山，直叫"凉快"。

铁扇仙慌了神，急收宝贝，转回洞里，将大门紧紧关上。

孙悟空暗笑：这种手段可防不住我。当即变成一只小飞虫从门隙处飞了进去，看到铁扇仙正叫口渴，要侍女上茶。孙悟空心生一计，嘤的一振小翅，飞到茶水的泡沫之下。铁扇仙哪容细看，接过茶，一口气就喝干了。

孙悟空顺着茶水到了铁扇仙的肚腹之内，厉声高叫道："嫂嫂，借扇子给我使使！"

铁扇仙大惊失色，叫道："小的们，前门关好了吗？"

下人说："关了。还是奶奶您亲自关的。"

"既然关了门，孙悟空如何在家里叫唤？"

侍女道："声音好像是从奶奶身上发出来的啊！"

铁扇仙更加惊惧，忙问："孙悟空，你在哪里使法术？"

"我在嫂嫂的肚子里做算术题呢，你看这道题啊……我去肉铺买熟食，香肠的单价是肺片的 3 倍，我买了 2 两香肠和 8 两肺片，共用去 140 文钱，问：1 两香肠多少文钱？1 两肺片多少文钱？嗨，我还做什么算术题啊，你这里香肠和肺片都有，还有爆肚儿和炒肝儿……我可随便取用啦。"

说着，孙悟空就在铁扇仙的胃里随便捞了一把，直疼得铁扇仙弯成了一只大虾米，一个劲儿叫："孙叔叔饶命！孙叔叔饶命！"

"你做出我刚刚说的题目，我才放手。"

铁扇仙无计可施，只好说道："这道题可以用假设法来做。买了 2 两香肠和 8 两肺片，共用去 140 文钱，假设 140 文钱全部买的肺片，原本 2 两的香肠，根据 1 : 3 的价格关系，可以换成 6 两肺片，那么肺片的单价是：$140 \div (2 \times 3 + 8) = 10$（文），则香肠的单价是：$10 \times 3 = 30$（文）。所以 1 两香肠 30 文钱，1 两肺片 10 文钱。"

孙悟空这才放手道："我看在牛大哥的情面上，且饶你性命，快快将扇子借我。"

铁扇仙哀求道："孙叔叔，全依你！你出来拿了去吧！"

孙悟空怕对方赖账，道："你先拿出扇子，我看见了就出来。"

铁扇仙便叫侍女拿出一柄扇子，立在旁边。

孙悟空先把头探出铁扇仙的喉咙瞧仔细了，才说："嫂嫂，我饶你性命，不在你的腰眼上捅个窟窿出来，还从口出。你把嘴巴张大点。"

"啊——"铁扇仙不敢不听，张大了嘴巴。孙悟空便飞出来，变回原形，拿了扇子，叫道："多谢嫂嫂！用完就还你！"

他甩开步往前便走，那些小喽啰连忙开了大门，放他出洞。

孙悟空拿了扇子，回去见师父。四人继续往西，又走了四十里，便来到了火焰山脚下。这里酷热蒸人，脚底板必须来回倒换，不然一会儿就冒烟，尤其是八戒，一双脚就快变成烤猪蹄了。

孙悟空举起扇子，对着火焰山尽力一扇，那山上火光烘烘腾起；再一扇，火势更加凶猛；又一扇，那火苗足有千丈之高，火舌把扇子都烧着了。即使大圣动作快，猴屁股也被烧得通红。孙悟空边跑边喊："快回去，快回去！火来了，火来了！"

唐僧急忙爬上白龙马，与八戒、沙僧往东跑了二十余里，方才逃过火舌的追击。

孙悟空既恼恨，又觉得莫名其妙，好好的宝贝芭蕉扇，为什么不管用了呢？他把这里的土地公召唤出来一问才知道，原来刚刚借的芭蕉扇是假的，要想借到真的芭蕉扇，还需从大力牛魔王处下手。

自测题

1.刘冬和吴翔两人家距离学校都不算太远，刘冬家到学校和吴翔家到学校总距离是 2000 米，刘冬家到学校比吴翔家到学校多走 400 米。你知道这两名同学到学校的距离各是多少米吗？

2.有 13 枚外表看起来完全一样的金戒指，但其中一枚不是纯金的，克数略低。你能使用天平最多称重 3 次，找到这枚克数低的金戒指吗？

3.果珍帮妈妈去菜市场买菜，韭菜的单价是白菜的 2 倍，她买了 3 斤韭菜和 6 斤白菜，共用去 36 元。问：这两种菜各多少钱一斤？

数学小知识

假设法

当某一数学问题的存在形式限定在有限几种可能（如某命题成立或不成立，再如 a 与 b 的大小有大于、小于、等于三种情况）时，假设该因素处于某种情况（如命题成立，再如 a＞b），并以此为条件进行推理，就叫假设法。

比如故事中，假设 140 文钱全部买肺片，根据 1 ：3 的价格关系，原本 2 两香肠可以换成 6 两肺片。

和差问题

已知两个数的和与差，求这两个数各是多少的问题，叫和差问题。

数量关系：

大数 ＝（和＋差）÷2；

小数 ＝（和－差）÷2。

1. 大数 = (和 + 差) ÷ 2, 即 (2000 + 400) ÷ 2 = 2400 ÷ 2 = 1200 (米);

小数 = (和 - 差) ÷ 2, 即 (2000 - 400) ÷ 2 = 1600 ÷ 2 = 800 (米)。

所以刘冬家到学校的距离是1200米, 吴翔家到学校的距离是800米。

2. 第1次先在天平的两端各放6枚金戒指, 如果天平平衡, 那枚克数低的金戒指就是剩下的那枚。如果其中有一端轻, 进行第2次称量。

第2次将混有克数低的金戒指的6枚金戒指分别放在天平的两端 (每端3枚), 如果其中有一端轻, 进行第3次称量。

第3次将混有克数低的金戒指其中的2枚放在天平的两端, 剩下1枚放在一边。如果天平平衡, 那枚克数低的金戒指就是剩下的那枚; 如果其中有一端轻, 那枚克数低的金戒指就在天平轻的那一端。

3.这道题可以用假设法来做。

买了 3 斤韭菜和 6 斤白菜，共用去 36 元。

假设 36 元全部买白菜，原本 3 斤的韭菜，根据 1：2 的价格关系，可以换成 6 斤白菜，那么白菜的单价是：$36 \div (2 \times 3 + 6) = 3$（元），则韭菜的单价是：$3 \times 2 = 6$（元）。

验算一下：$3 \times 6 + 6 \times 3 = 36$（元），符合题意。

所以韭菜每斤 6 元，白菜每斤 3 元。

孙悟空与牛魔王斗数学成语

话说孙悟空听了土地公的指点，直奔积雷山寻找牛魔王。

到了积雷山，孙悟空降落云头，只见那山上青松翠柳、红藤紫竹、香花美果，美不胜收。大圣正看风景寻路径，忽见松荫下有一女子手折了一枝香兰，袅袅娜娜款步而来。

孙悟空便上前询问道："请问女菩萨，这里是积雷山吗？"

"对啊，这里是积雷山。"

"那摩云洞在哪里？"

那女子见这毛脸和尚打听自家洞府的所在，不免存了戒心，反问道："你寻摩云洞做什么？"

孙悟空扯谎道："我尊翠云山芭蕉洞铁扇公主之命，来请牛魔王老爷回去。"

那女子一听是铁扇公主派人来请牛魔王，顿时大怒，连耳根子都变得通红，破口骂道："这个贱婢！牛王自到我家，不到两年，也不知送了她多少金银珠宝、绫罗绸缎。贱婢还不识羞，又来请牛王干什么？！"

孙悟空听对方的口气，便猜出她就是玉面狐狸精，故意拿出金箍棒，大喝一声道："你倒不害羞，还敢骂人家原配的夫人？！我要替铁扇仙嫂嫂教训你！"

玉面狐狸精吓得魂飞魄散，花容失色，回头便走。孙悟空随后相跟，知道这只狐狸精必然要回摩云洞，跟着她就能找到牛魔王。

穿过一片松林，露出摩云洞口，玉面狐狸精跑进去，砰的把府门关上了。

不说孙悟空在外面研究门户，但说玉面狐狸精跑回家后，一头撞进书房里面，气喘吁吁地说："一个毛脸雷公嘴的妖怪……说是你的原配夫人铁扇仙派来的……要打我呢……"

牛魔王听完，轻声安抚："一切交给我。"然后，牛魔王到大厅里取了披挂铠甲，穿戴整齐，又拿了一条混铁棍，出门高叫道："哪个敢欺负我家玉面公主？"

孙悟空跳出来，拱手道："大哥，还认得小弟吗？"

牛魔王皱眉道："你是齐天大圣孙悟空？"

孙悟空喜道："正是，正是。好久不见，大哥风采更胜往日啊！"

牛魔王喝道："臭猴子嘴上说得好听！我听说你大闹了天宫，被如来佛祖压在五行山下，最近方才解脱，保护唐僧上西天拜佛求经，怎么在号山枯松涧火云洞把我小儿牛圣婴害了？我正在这里恼你，你还敢来寻我的麻烦，管我的家事？"

孙悟空作礼道："大哥错怪小弟了。当时令郎捉住我师父，要吃唐僧肉，小弟阻不住他，幸得观音菩萨来搭救师父，劝令郎归正。现如今令郎做了善财童子，常伴观音菩萨左右，比你我造化都高啊！"

牛魔王骂道："好个乖嘴的猢狲！害子之仇暂且撇过，你刚刚欺负我的爱妾，可没冤枉你吧？"

孙悟空笑道："我因寻不见大哥的府邸，向那女子询问，不知她就是二嫂嫂，是小弟一时粗鲁，惊了二嫂嫂，还望大哥宽恕！"

牛魔王道："既然如此，我看在老交情的份儿上，饶你去吧。"

孙悟空不走，继续缠住牛魔王道："既蒙宽恩，感激不尽，尚有一事相求，万望大哥伸出援手。"

牛魔王骂道："不识抬举！我饶了你，怎么还来缠我？"

孙悟空说明借扇子的来意，牛魔王道："好，你若打得过我，我让山妻借你扇子；若打不过，嘿嘿，我便打死你与我儿报仇雪恨！"

孙悟空自恃武功不输牛魔王，当即拍板道："就按大哥说的做，几百年没有切磋武功了，咱哥儿俩就演练演练。"

"还是老规矩，先文斗，再武斗。"

原来这二位当年结拜之时就喜欢彼此切磋术数，文斗就是用术数来猜成语。

孙悟空先出题："0000。"

牛魔王道："四大皆空。"

牛魔王出题："$1 \times 1 = 1$。"

孙悟空道："一成不变。"

孙悟空出题："$1 \times 1 \times 1 \times 1 \times 1 \times 1 = 1$。"

牛魔王道："始终如一。"

牛魔王出题："1∶1。"

孙悟空道："不相上下。"

孙悟空出题："$\frac{1}{2}$。"

牛魔王道："一分为二。"

牛魔王出题："3.4。"

孙悟空道："不三不四。"

孙悟空出题："$\frac{7}{8}$。"

牛魔王道："七上八下。"

……

几十个回合过去，二人不分胜负，于是开始武斗。

两人打着打着就打上了天，两条棍子相交响彻天宇。大圣与牛魔王斗了百十多个回合，依旧不分胜负。

两人正打得难解难分，忽然山峰上有人叫道："牛爷爷，我家大王请您赴宴。"

牛魔王好酒贪杯，一听要赴宴，便用混铁棍支住金箍棒，叫道："猢狲，差点忘了，我约好了要去朋友家赴宴，可不能迟到，你我的恩怨以后再算！"

说完，牛魔王按下云头，跨上避水金睛兽，往西北方而去。

避水金睛兽此时的速度是每炷香时间走500丈，走了2炷香时间后，牛魔王忽然发觉按现在的速度走下去，就会迟到8炷香时间。迟到的话，前面几道好菜可就吃不着了，于是牛魔王用脚踢了一下避水金睛兽的屁股，让坐骑加快速度，每炷香时间比原来多走100丈，结果到达乱石山碧波潭时离宴席开始还有5炷香时间。

牛魔王光顾着赶路，没发觉孙悟空一直化作一股清风在身后尾随。等到了潭边，孙悟空又变作一只大螃蟹，沉入潭底，跟过去查看。

此时，牛魔王与潭里的老龙王、几只蛟精觥筹交错，把酒言欢。

其中一只蛟精第一次与牛魔王相见，于是问道："不知道牛兄的洞府到碧波潭有多远？"

牛魔王便把路上的经过说了。

蛟精听后尴尬地笑笑："牛兄考我算术，我可是一点不灵，我自罚三杯好了！"

孙悟空听得一清二楚，暗笑：这只笨蛟精，这种题目可太容易了！

牛魔王从改变速度的那一点到碧波潭，若每炷香时间走 500 丈，则要迟到 8 炷香时间，也就是到宴席开始时，他离碧波潭还有 $500 \times 8 = 4000$（丈）；若每炷香时间多走 100 丈，即每炷香时间走 600 丈，则到达碧波潭时离宴席开始还有 5 炷香时间，如果一直走到宴席开始的时间，那么他将多走 $(500 + 100) \times 5 = 3000$（丈）。

所以盈亏总额，即总的路程相差：

$4000 + 3000 = 7000$（丈）。

两种走法每炷香时间相差 100 丈，因此所用时间是：

$7000 \div 100 = 70$。

也就是说，从牛魔王改变速度起到宴席开始为 70 炷香时间。所以从摩云洞到碧波潭的距离是：

$500 \times (2 + 70 + 8) = 40000$（丈）；

或 $500 \times 2 + 600 \times (70 - 5) = 40000$（丈）。

孙悟空见他们喝个没完没了，心想：等老牛散了宴席，不定是什么时辰，而且他也不肯借我芭蕉扇。

孙悟空冥思许久，忽然有了主意。他悄悄盗走避水金睛兽，骑上它直奔芭蕉洞而来，到了洞门口，已然化作牛魔王的模样，里面的侍女见了急忙开门迎接。

铁扇仙也没有识破假牛魔王的身份，还规劝夫君莫要喜新厌旧，忘了结发妻子，接着赶紧置办酒宴，为牛王接风洗尘。

酒过数巡，铁扇仙已经半醉，孙悟空趁机问道："夫人，真扇子你收在哪里了？小心孙猴子变化多端，又来盗宝贝。"

铁扇仙笑嘻嘻地从口中吐出一把杏叶大小的扇子，递给孙悟空："这个不就是！"

孙悟空又问："这般小，只有一寸长，如何扇得八百里火焰？"

铁扇仙道："大王，你离家才两年，怎么连自家宝贝的窍门都忘记啦？只要将左手大拇指捻着那扇柄上第七缕红丝，再叫声'大'，扇子就变成一丈二尺长了！"

"天哪，1 丈 = 10 尺，1 尺 = 10 寸；那么 1 丈 2 尺 = $10 \times 10 + 2 \times 10 = 120$（寸）；$120 \div 1 = 120$。好家

伙，这芭蕉扇从杏叶大小足足变大了 120 倍！"

孙悟空嘴上说着话，却把诀窍记在心上，把小扇子也噙在口里，突然把脸一抹，现出本相，厉声道："铁扇仙，你看看我可是你家牛王？让我陪你听了许多家长里短的体己话……不羞！不羞！"

铁扇仙一见是孙悟空，慌得推倒桌椅，跌坐在地，羞愧无比，只叫："气煞我也！气煞我也！"

再说牛魔王吃罢宴席，出来发现坐骑不见了，嘟囔道："哪个毛贼敢偷我的坐骑？"他猛然想起孙猴子善于变化，想那猴子是为芭蕉扇而来，因此径至翠云山芭蕉洞，进去就看到铁扇仙哭得正凶。查问之后，牛魔王气得七窍生烟，急忙要去追孙悟空。

铁扇仙却拦住牛魔王说："大王，那臭猴子已经走了一个时辰，你现在再去追，又如何追得上？"

牛魔王却说："我知道那臭猴子的本事，他拿了咱们的法宝就无法驾筋斗云，徒步走的话，他的速度远不及我，我只需一个时辰就能赶上他！"

牛魔王风驰电掣般赶了出去，果然只用了一个时辰就追上了孙悟空。他远远看到孙悟空扛着丈二长的芭蕉扇，担心猴子把自己扇飞，心念电转，就变成了八戒的模样，满脸憨笑地迎上去。

"大师兄，我来也！"

孙悟空见到八戒果然欢喜，卖弄地说："呆子你看，这回可是货真价实的芭蕉扇了。"

"这宝贝好是好，可就是太大了。"

"可不，还很沉。"孙悟空耸耸肩膀。

牛魔王趁机说："猴哥，那我帮你扛一会儿吧。你劳累半天，且松松肩膀。"

孙悟空没有怀疑，就把扇子递了过去。

牛魔王拿过宝贝，把它又变回杏叶大小，现出本来面目，开口骂道："泼猢狲！认得我吗？"

孙悟空见了牛魔王的真面目后悔不迭。

两人又打斗起来，不一会儿，真正的八戒也来加入战局，只是兄弟俩合力还是无法战胜大力牛魔王。就在此时，李靖父子带着天兵天将前来相助。

牛魔王大杀四方，索性化作原形——一头大白牛，左冲右突，但还是被哪吒用乾坤圈拴住了牛鼻子，至此方才归降，献出芭蕉扇。

孙悟空拿到宝扇，重新来到火焰山脚下。一扇，火焰平息；二扇，清风习习；三扇，细雨霏霏。师徒四人这才平安通过了火焰山。

自测题

1. 果冻爸爸从家开车去公司开会，时速是 40 公里，开了 2 小时后，果冻爸爸发觉按现在的速度开就会迟到 15 分钟。于是踩了一脚油门，时速加到 60 公里，结果到达公司距离会议开始还有半小时。你们知道果冻家距离果冻爸爸的公司有多远吗？

2. 乌龟和兔子赛跑，兔子自恃比乌龟跑得快，等乌龟出发 50 分钟后，兔子才出发，而且只用 10 分钟就追上了乌龟。你们知道兔子的速度是乌龟的多少倍吗？

数学桌面小游戏

找你的小伙伴一起来做这个游戏吧!

游戏准备:

把手洗干净,做一些简单的加法练习。

游戏人数:

两人。

游戏规则:

拳头代表0,张开手掌(五根手指伸直)代表5;

每个人两只手,可以任意伸出拳头和手掌的组合,表示0、5、10三个数,同时喊出自己猜测的两个人的总数,总数范围是0、5、10、15、20中的一个。

每轮伸出手并喊完数后,手不能缩回,而是确认两个人四只手的数字总和,谁喊对了总数,谁胜利;如果都不对,则游戏继续进入下一轮……直到一方获胜。

1.思考果冻爸爸从改变速度的那一点到公司，若按时速40公里，则要迟到15分钟，也就是到会议开始时，他离公司还有$40 \times \frac{1}{4} = 10$（公里）；若按时速60公里，则到达公司时离会议开始还有30分钟，如果一直开车到会议开始的时间，那么他将多走$60 \times \frac{1}{2} = 30$（公里）。所以盈亏总额，即总的路程相差：$10 + 30 = 40$（公里）。

两种走法每小时相差20公里，因此所用时间是：

$40 \div 20 = 2$（小时），

也就是说，从果冻爸爸改变速度起到会议开始的时间有2小时。所以从果冻家到果冻爸爸公司的距离是：

$40 \times \left(2 + 2 + \frac{1}{4}\right) = 170$（公里）；

或$40 \times 2 + 60 \times \left(2 - \frac{1}{2}\right) = 170$（公里）。

2.设兔子追上乌龟时，它们各自行走的总路程是1，则兔子的速度是：$\frac{1}{10}$；乌龟的速度是：$\frac{1}{50 + 10}$，即$\frac{1}{60}$；

兔子的速度是乌龟的速度的倍数：$\frac{1}{10} \div \frac{1}{60} = 6$。

兔子的速度是乌龟速度的6倍。

盘丝洞的蛛网数阵

话说师徒四人这天正在西行道路上踏青赏景，忽见一座庵林掩映在前方不远处。唐僧见了当即滚鞍下马，站立于大道旁。

"师父，走得好好的，为什么不走了？"孙悟空不解地问。

不等唐僧说话，八戒抢着说道："大师兄好不通情！师父在马上坐得困了，下来活动活动腿脚。"

唐僧手指庵林道："你们猜得都不对。我是看那边有户人家，想要去化些斋饭来吃。"

孙悟空笑道："师父说的是哪里话。你要吃斋饭，让我们哥儿仨去就好，哪有叫师父去化斋的道理？"

唐僧道："平日都是四野无人的地方，你们没远没近地去化斋，今天这人家近在咫尺，伸伸腿就够到了，也让我去化一次嘛。"

"好，好！师父请去，不过要小心些。"见唐僧化斋的兴致如此之浓，悟空三人也不好阻拦。

唐僧独自走到庄前，只见这里石桥高耸，古树森森，桥那边有数栋茅屋，是个清雅幽静的所在。唐僧走近了，从窗前看见里面有四位佳人正在做针线活儿。他见屋里没有男子，不敢贸然进入，思前想后，又怕空手回去被徒弟们耻笑，于是趋步上桥，又走了几步，只见一座木香亭子下又有三个女子在玩一种比数字大小的游戏。

唐僧好奇地看了一会儿，却很奇怪。

因为这个游戏的规则居然是：5 比 0 大，0 比 2 大，而 2 又比 5 大。

唐僧看不明白，觉得还是赶紧化斋要紧，于是高声叫道："女菩萨，请随缘布施些斋饭吃吧。"

三个女子也不玩游戏了，笑吟吟地出来道："长老，失迎了，快请里面坐。"

唐僧不曾疑心，跟随众女过了木香亭，又往前进了一座石屋，只见屋里的家具摆设都是石桌、石凳，触手冰凉，冷气森森。一张石桌上倒是点了 12 根大白蜡烛，唐僧唯有靠近烛光取暖。忽然一阵阴风，吹熄了 3 根蜡烛，紧跟着又是一阵风，吹灭了 2 根蜡烛，望着还在燃烧的 7 根蜡烛，唐僧头顶和后背都冒出了冷汗。

"怎么？长老可是觉得这里太热了？"一个女子察言观色道。

唐僧忙说："不不不，我只是在想你们刚刚玩的是什么游戏？为何 5 比 0 大，0 比 2 大，而 2 又比 5 大？"

女子笑道："长老光念经了，不懂得小孩子的游戏也是情有可原。那是我们这边孩子们常玩的名叫'剪刀石头布'的划拳游戏，划出的拳正好也是手势表达数字的一种，剪刀是 2，石头是 0，布是 5；因为石头能砸剪刀，剪刀能剪布，布能包石头，所以 5 比 0 大，0 比 2 大，而 2 又比 5 大。"

另一个女子道："长老是不是喜欢算术？你看这桌上的蜡烛，被风吹熄了那么多，你猜猜看，最终会剩下几根蜡烛呢？"

"原有 12 根蜡烛，总共吹熄了 3 ＋ 2 ＝ 5 根蜡烛，只有熄灭的蜡烛能够最后剩下来，因为 7 根燃烧的蜡烛最后都烧没了，所以最终石桌上会剩下 5 根蜡烛。"唐僧一边说一边悄悄往石屋门口走去，谁知外面又有一个女子挡住了石门，冷笑道："自己送上门的买卖，还能叫你溜了不成？"紧跟着一张蛛网朝唐僧撒下。

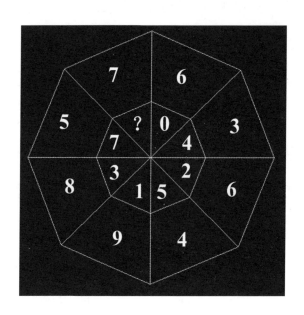

唐僧肉眼凡胎，哪里能够看出破解蛛网的法门，当即被缠裹得严严实实，脊背朝上、肚皮朝下地被吊在梁上。

再说孙悟空、猪八戒、沙和尚三个都在大道旁边，苦等师父不来。八戒、沙僧两人放马看担，唯独悟空比较猴性，跳树攀枝，摘叶寻果，猛地一回头，只见一片妖云，慌得跳下树，吆喝道："不好啦，不好啦！师父遇到妖怪了！"

原来孙悟空有火眼金睛，看见那庵林处升起一片妖云，想着那里必有妖怪。

八戒急道："既然师父遇着妖精了，咱们快去救他吧！"

孙悟空说道："师弟莫嚷，等老孙探探路去。"

孙悟空束一束虎皮裙，拿出金箍棒，两三步跑到前边，只见庵门被丝网缠了有千百层厚，好似经纬之势，用手按了按，又有些黏软。

孙悟空想要用金箍棒开路，又一琢磨：金箍棒打硬的可打断，这种软的只能打扁。假如被它反弹，缠住老孙，反而不美，还是找个人问清楚了再说。

孙悟空当即捻一个诀、念一个咒，搅得地底下的土地公好像陀螺一般转个不停。

土地公的老伴儿还纳闷呢："你个糟老头子，瞎转什么呢？"

土地公一边转一边道："老婆子，你不知道！那个齐天大圣来了，我不见他，他就让我原地转圈儿。"

土地婆道："你去见他便是，为何非要留在这里打转？"

土地公一脸苦相道："他那根金箍棒好重，我怕见了他挨揍！"

土地婆安慰道："我听说那大圣如今保唐僧取经，已经收了心性，不至于见面就打。"

土地公又说："我原本面朝北，被大圣施了旋转咒后，以顺时针方向，又面朝北了 9 次，最后面朝南停下。老婆子，你快点帮我算算我一共转了多少度，说对了方能解脱旋转咒的束缚。"

土地婆道："真是的，还要我为你动脑筋！你转一圈是 360°，从面朝北到面朝南相当于转半圈，就是 180°，所以总共转了 $360° \times 9 + 180° = 360° \times 10 - 180° = 3600° - 180° = 3420°$。你自己不会算吗？"

"我被转得昏天黑地，哪里还算得出？你也转两圈再来说我！"土地公一边抱怨一边钻出来，拜见大圣。

"老头儿，架子不小嘛，这么半天才出来！"孙悟空板起了雷公脸。

土地公战战兢兢地跪在路旁哀求道："大大大……大——圣饶命，我在跟老婆子吵架，因此耽误了时间。"

孙悟空嘿嘿笑道："家家有本难念的经，原谅你了。你且起来，我问你，这是什么地方？"

土地公老实作答："此山叫作盘丝岭，岭下有洞叫作盘丝洞，洞里有七个妖精叫……"

"叫盘丝精是吧？"孙悟空嫌土地公啰唆，不禁又瞪起眼睛。

"不，是蜘蛛精。"土地公事无巨细地交代一番，连七个蜘蛛精每天要洗三回澡的事情都说了。

八戒还在旁边掰着手指算账："一个妖精洗一回澡按半个时辰算，三回就是一个半时辰，七个妖精就是十个半时辰。好家伙，除了吃饭睡觉，妖精家的浴池都不带闲着的……"

孙悟空不听八戒啰唆，变成一只苍蝇，飞进庵林一探虚实。

此时已是正午时分，正是蜘蛛精们一天之内第二次洗澡的时候。她们洗澡用的可不是普通的泉水，而是阳泉之水。原来当初天上有十个太阳，热得民不聊生，幸好有神射手后羿，不但射术高明，算术还好，不多不少把太阳射落了九个，只留下一个。那掉落的九个太阳落在大地之上就化作了九处汤泉，因为是太阳所化，天然温暖，因此叫作九阳泉，分别是香冷泉、伴山泉、温泉、东合泉、满山泉、孝安泉、广汾泉、汤泉、濯垢泉。盘丝洞洞府内的正是濯垢泉。

濯垢泉流进的浴池约有五丈阔、十丈长，内有四尺深浅。七个蜘蛛精正泡在池水中沐浴，好不惬意。

孙悟空思量：这浴池倒是不小！1 丈 = 10 尺，即浴池宽 50 尺、长 100 尺、深 4 尺。浴池容积是：$100 \times 50 \times 4 = 20000$（立方尺）$= 20$（立方丈）。这时候把她们一锅端虽然容易，却败坏了老孙的名头。

于是，孙悟空使出七十二变的本领，变作老鹰，把蜘蛛精们的衣服都叼走，转过岭头，方才现出本相来见八戒、沙僧。

八戒还有心思开玩笑，对沙僧笑道："师父原来是被典当铺的人抓走的，要不猴哥怎么抢出这么多衣服？"

孙悟空正色道："呆子，这些都是妖精穿的衣服。"于是把里面的情况跟两个师弟说了。

孙悟空本想趁妖精无法出浴池的时候先把师父救了，八戒却以为斩草务必除根，要先去把妖精们解决了。

孙悟空摇头："要去你去，我才不去。"

八戒这次倒不惫懒，欢天喜地扛着钉耙走了。

到了浴池旁，果然看到七个蜘蛛精在池水中躲着。八戒本是掌管天河的天蓬元帅，水性极好，当即跳到池子里跟七个蜘蛛精战在一处。眼看就要取胜，谁知蜘蛛精们开始使用盘丝大法，很快织出一张天罗地网把八戒缠在网中。

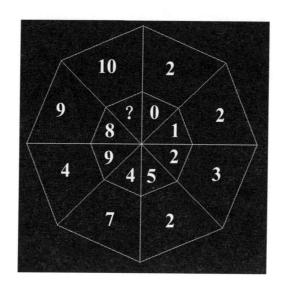

八戒跟唐僧一样，哪里懂得破解蛛网的法门，当即被蛛网缠得严严实实。

蜘蛛精们又唤出了她们的干儿子——蜜蜂、马蜂、蛉蜂、斑蝥、牛虻、抹蜡、蜻蜓，要他们去对付唐僧手下的另外两个徒弟，她们自己则立即启程前往黄花观——她们的道兄家求助。

再说孙悟空见八戒半天不出来，知道他一定是中了妖精的道，赶紧拴好白龙马，藏好行李，带着沙僧一起冲进盘丝洞救唐僧和八戒。

刚冲进洞府大门，迎面就冲过来七种昆虫组成的七个阵型，别看每只昆虫高不过二尺五六寸，重不过八九斤，但架不住团结一心，所以整个阵型组合在一起的威力巨大。

孙悟空拉住沙僧说："这种货色，只需算出每个阵型的总人数，就可破敌制胜。"

第一个阵型是蜜蜂阵，他们的阵型是一个"∞"字。

沙僧抖擞精神说道："大师兄，我知道，'∞'这个符号代表无穷大，把它立起来就是个'8'字，甭管是横着还是竖着，都由两个圈组成，我已经数出一个圈由 30 只蜜蜂兵组成，所以两个圈就是 60 只蜜蜂兵！"

师兄弟二人立马消灭了蜜蜂阵。

第二个阵型是马蜂阵，他们的阵型是一个空心正方形。

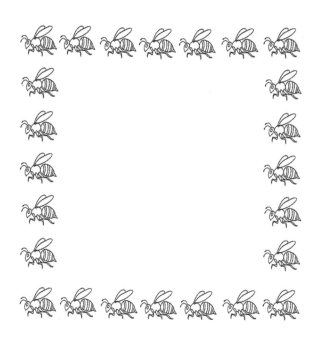

沙僧喜道："这个简单，每条边上有 7 只马蜂兵，正方形有四条等长的边，所以一共有 $7 \times 4 = 28$ 只马蜂兵！"

孙悟空却摇头说："沙师弟，你算漏了一步。正方形的四个顶点，每个顶点都是由两条边交汇而成，所以每个顶点上的马蜂兵你都计算了 2 次，因此总数要减去 4，就是 $28 - 4 = 24$ 只马蜂兵。"

师兄弟二人又把马蜂阵剿灭了。

第三个阵型是蜍蜂阵，他们的阵型是一个空心长方形。

沙僧又说："这个阵型是长方形，长方形由长边和短边组成，我已经数出长边上有 8 只蜢蜂兵，短边上有 6 只蜢蜂兵，所以蜢蜂兵总数是 (8 + 6) × 2 = 28 只。"

"沙师弟，是不是又漏了什么？"孙悟空提醒道。

"对对对，长方形也有四个顶点，所以正确的总数应该是 28 - 4 = 24 只。"

师兄弟二人联手，很快蜢蜂阵也覆灭了。

第四个阵型是斑蝥阵，他们的阵型是一个空心平行四边形。

沙僧说："这个形状看上去就是拉斜了的长方形，也有长短边之分，所以计算方式是一样的，长边上有 9 只斑

蛮兵，短边上有 5 只斑蛮兵，总数就是 (9 + 5) ×2 −
4 = 24 只。"

孙悟空赞道："不错，不错，沙师弟这么快就吸取
教训了，比那个负吃的八戒强！"

悟空、沙僧一通厮杀，斑蛮阵也完蛋了。

第五个阵型是牛虻阵，他们的阵型是一个空心等腰
三角形。

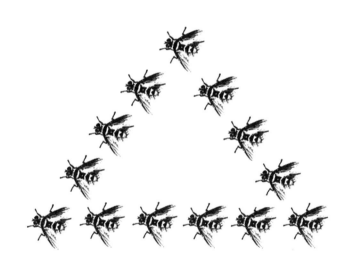

沙僧仔细看后说道："等腰三角形，两腰的边长相
等，再加上底边，就是整个三角形的周长。我数了一
下，腰上有 5 只牛虻兵，底边有 6 只牛虻兵。所以总数
是 5×2 + 6 = 16 只。"

孙悟空乐道："沙师弟啊沙师弟，你忠厚老实，但有时候脑筋转得不够快，刚刚四边形的阵型你已经不再算漏，怎么到了三角形，又有错漏呢？"

沙僧拍着光光的头顶，满脸羞愧地说："该死，该死，又忘减去顶点数目了。三角形是三个顶点，所以 $16 - 3 = 13$，全部牛虻兵是 13 只！"

"这才对嘛。"

二人上前，又是棒子又是铲杖，尽数消灭了牛虻兵。

第六个阵型是抹蜡阵，他们的阵型是一个空心的等边三角形。

沙僧哈哈笑道："这个更容易了，等边三角形，三条边长完全相等，我已经数出一条边是 6 只抹蜡兵，三条边自然就是 18 只了。对啦，还得减去重复计算的顶点上的 3 只，那么就是 15 只抹蜡兵。"

"沙师弟越来越聪明了。"

当下，师兄弟二人再联手出击，抹蜡兵也被哥儿俩一扫而光。

最后一个阵型是蜻蜓阵，他们的阵型可是实心的了。

沙僧皱眉道："这个阵型可是很古怪，第一行是 3

只蜻蜓兵，第二行比第一行多一只，第三行又比第二行多一只……总共十行。哇呀呀……太多了！这个我一时可数不清楚。"

孙悟空笑道："怎么数不清？好数着呢！"

孙悟空给沙僧讲解一番：

第一行既然是 3 只，总共十行，也就是说，后面还有九行，且这九行每一行都比前一行多 1 只，形成一个等差数列，因此第十行就比第一行多了 $1 \times 9 = 9$（只），也就是 $3 + 9 = 12$（只）。首行加尾行的数目是 $3 + 12 = 15$（只），所以总数就是 $15 \times 10 \div 2 = 75$（只）。

为何要除以 2 呢？因为首行 3 加末行 12 是 15，第二行 4 加倒数第二行 11 也是 15，这样两两相加，所以十行只加五次，15×5 就是 75 只。

"原来如此。"沙僧话音刚落，孙悟空腿脚快，已经挥舞着金箍棒冲入了蜻蜓兵的阵型。

于是这蜻蜓阵也被哥儿俩轻松破解。

收拾完所有昆虫兵，悟空、沙僧这才把洞内被高高吊起的唐僧和八戒二人放下来，可是蛛网却怎么也弄不破。

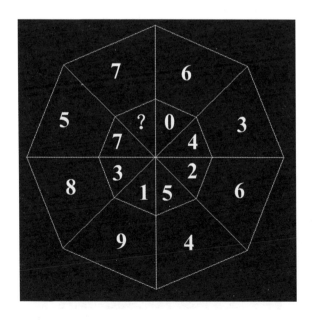

沙僧正在懊恼，孙悟空却冷静地说："沙师弟你看，两张蛛网上都有很多数字，尤其这个问号很可疑，我猜只有破解了数字的规律，在问号处填上合适的数字才能破解蛛网。"

　　经孙悟空提点，沙僧说道："我知道了，困住师父的蛛网，从右上角开始，蛛网内网和外网两层的数字相加分别是6、7、8、9、10、11、12，可以推断出左上角的内网与外网数字和是13，所以问号＝13－7＝6。"

　　孙悟空当即用金箍棒在蛛网的问号处画了个6，蛛网迎刃而解，放出了唐僧。

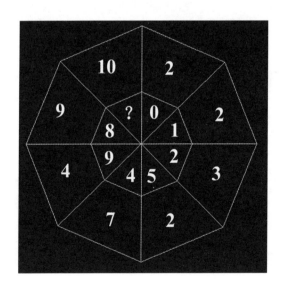

沙僧又看向困住八戒的蛛网："从右上角开始，这张蛛网内网和外网两层的数字相加分别是2、3、5、7、11、13、17，以上都是20以内的素数，且依照顺序排列，可以推断出左上角的内网与外网数字和是19，所以问号 = 19 − 10 = 9。"

孙悟空又用金箍棒在蛛网的问号处画了个9，这张蛛网也解开了，从里面跌出了还在骂骂咧咧的八戒。

自测题

按照下列数字的规律，括号中应该填什么？

1. $\frac{1}{2}$、$\frac{2}{3}$、$\frac{3}{5}$、$\frac{4}{7}$、$\frac{5}{11}$、$\frac{6}{13}$、（　　　）

2. 4、6、10、18、34、（　　　）

3. 8、12、24、60、（　　　）（此题答案不唯一）

数学小知识

等差数列

等差数列指从第二项起，每一项与它前一项的差等于同一个常数的一种数列，这个常数叫作等差数列的公差，一般用字母 d 表示。

例如：1、2、3、4、5……n+1 就是一个等差数列。

等差数列的求和公式：$S_n = n \times (A_1 + A_n) \div 2$，

其中，A_1 是首项，A_n 是末项，n 是项数。

比如在 1、2、3、4 这个等差数列中，

$A_1 = 1$，$A_n = 4$，$n = 4$；

这个数列各项的和是：

$S_n = 4 \times (1 + 4) \div 2 = 10$。

还有一个重要公式是：

$A_n = A_1 + (n - 1) \times d$；

比如在 1、2、3、4 这个等差数列中，

我们知道公差是 1，项数是 4，

所以末项是 $1 + 1 \times (4 - 1) = 4$。

1.$\dfrac{7}{17}$。分子是 1、2、3……，分母是质数，都是从小到大依次排列。

2.66。后一项与前一项的差分别为 2、4、8、16，是一个公比为 2 的等比数列，故括号内的数应为 34 + 16×2 = 66。

3.180。数列中相邻两个数字之间后一项除以前一项得到的商并不是一个常数，但它们是按照一定规律排列的：3/2、4/2、5/2，因此，括号内数字应为 60×6/2 = 180。

多目怪藏药箱的体积

　　话说猪八戒一把火烧了盘丝洞，师徒四人继续赶路，行不多时，前方出现一座道观，门上嵌着一块大石板，上有"黄花观"三个大字。

　　嘴馋的八戒叹息道："要是把那'观'字改成'鱼'字就好了。"

　　孙悟空讥讽道："呆子，你又想念天河里美味的黄花鱼了吧？"

　　八戒收起口水，认真说道："既然是观，那必是道士之家，我们进去会他一会也好。他与我们衣冠虽别，但修行一般。"

　　沙僧道："二师兄说的是，一则进去看看景致，二来可看方便处，安排些斋饭与师父吃。"

　　要知道，唐僧独自去化斋，非但什么斋饭也没化到，自己还差点成了妖精的斋饭！现在肚子正饿得咕噜咕噜直叫唤呢。

唐僧依言，师徒四人进了二门，只见正殿大门紧闭，东廊下却坐着一个道士在那里搓丸药。那道士戴一顶红艳艳的饿（qiàng）金冠，穿一领黑黢黢的乌皂服，踏一双绿莹莹的云头履，面如瓜铁，目若朗星。

唐僧高声道："老神仙，贫僧有礼了。"

那道士猛抬头，一见心惊，赶紧走下台阶迎接，说道："老师父，失迎了，请里面坐。"

众人进屋落座后，道士又招呼家童看茶，只见两个小童寻茶盘、洗茶盏、擦茶匙、办茶果，忙前忙后，却惊动了里屋的几个冤家。

这些冤家正是七个蜘蛛精，跟这道士同堂学艺，因此结拜为兄妹。

大蜘蛛精忙拉住小童，让他上茶时给道士使个眼色，好让道士不惊动和尚们，悄悄到后堂来会她们，有要事相商。

等道士过来，蜘蛛精们便说明那四个和尚就是唐僧师徒，而且"吃一口唐僧肉可以长生不老"，道士当即答应："看我来摆布他们！"

道士进入内室，取了梯子，爬上屋梁，拿下一个小皮箱。那箱子有八寸高下，一尺长短，四寸宽窄，上有一把小铜锁锁住。

道士说："我这药箱有八寸高、一尺长、四寸宽。

"1 尺 = 10 寸。相当于箱子长 10 寸、宽 4 寸、高 8 寸，所以体积为 $10 \times 4 \times 8 = 320$（立方寸）。

"药箱里的药乃是：山中百鸟粪，扫积上千斤。是用铜锅煮，煎熬火候匀。千斤熬一勺，一勺炼三分。三分还要炒，再煅再重熏。制成此毒药，贵似宝和珍。如若尝他味，入口见阎君！"

"原来是毒药！"

"那是！熬制毒药可是你我兄妹最擅长的啊！"道士自傲地撇撇嘴。

蜘蛛精们跟着呵呵笑道："咱们蜘蛛、蜈蚣都是毒虫，毒死他们最好，省得打斗了。"

"妹妹们，我这宝贝，若给凡人吃，只消一厘，入腹就死；若给神仙吃，也只消三厘就绝。这些和尚，只怕有些道行，须得三厘。快取等子来。"

道士拿到等子，小心翼翼地称出一分二厘，说道：

"不是我小气，别看只是一分二厘的毒药，却需要数百斤原材料来炼制呢！"

最小的蜘蛛精惊讶道："不会吧？怎么会用这么多原材料？"

大蜘蛛精说："你啊，刚才一定没有认真听师兄说话。刚刚师兄说了，千斤熬一勺，一勺炼三分。相当于3分毒药需要1000斤原材料。

"1分 = 10厘；则一分二厘的毒药需要：

"$1.2 \times 1000 \div 3 = 400$（斤）原材料。小妹你看，要400斤原材料呢！"

道士又把毒药分作十二份，拿了十二个红枣，将枣掐破一点皮，每处放上一厘药粉，再把有毒的红枣分在四个茶盅内，最后又将两个没毒的黑枣单放到一个茶盅里，用一个大托盘把五个茶盅都托了，重新回到会客厅。

"哈哈哈，我差点忘记，我这里还有几盅大红袍，配枣子吃，最是美味，请几位师父共品。"

道士一边说一边敬茶，第一盅自然奉与唐僧，他见八戒身躯大，就将其认作大徒弟，将沙僧认作二徒弟，见孙悟空身量最小，将其认作三徒弟，所以第四盅才奉与孙悟空。

孙悟空眼尖，接了茶盅，早望见托盘里那茶盅是两个黑枣，跟己方四人的红枣茶盅颇有不同，当即说道："道长，我与你换一杯吧？"

道士笑道："不瞒长老说，我就是个山野中的穷道士，这些大红枣，当然给你们这些贵客食用，我自己吃黑枣奉陪，此乃贫道恭敬之意。"

孙悟空还要坚持换，却被好面子的唐僧拦住了："悟空，仙长实乃爱客之意，你就吃了吧。"

孙悟空无奈，只好接过红枣茶盅，却不忙吃，仔细观察。

八戒最馋，第一个吃了茶和红枣，紧跟着唐僧和沙僧也都吃了。不一会儿，只见八戒的脸变成了猪肝色，沙僧满眼流泪，唐僧口吐白沫，不到半炷香的工夫，他们都晕倒在地。

孙悟空一看师父和师弟们中毒了，立马将手中茶盅高高举起后往道士脸上摔去。道士将袍袖一隔，当的一声，茶盅跌得粉碎。

此时已然撕破了脸，孙悟空取出金箍棒照道士头上打去。道士也不含糊，取一口宝剑迎战。里面的七个蜘蛛精也纷纷跑过来，一齐喷吐蛛丝，一刹那，又有两张蛛网朝孙悟空罩下来。

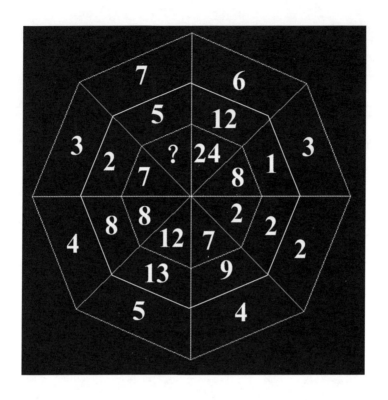

孙悟空脑筋一转，很快想出破解蛛网之道：

第一张蛛网，仔细观察可以发现，从右上角开始，蛛网外网和中网两层的数字相加之和等于内网数字，可以推断出左上角的问号处应为 $1 + 5 = 6$。

第二张蛛网，仔细观察可以发现，从右上角开始，蛛网内网和中网两层的数字相加之和等于外网数字的平方，可以推断出左上角的问号处应为 $7 \times 7 - 5 = 44$。

可趁孙悟空被困蛛网之时，那边的唐僧、八戒、沙僧都已经被道士捉拿了，命小童押在里面。

孙悟空气得咬牙切齿，一通乱棒，把七个蜘蛛精都降伏了。

孙悟空冲里面嚷道："快还我师父与师弟来！否则让你的师妹们先去见阎君！"

道士这时候可不管什么兄妹情谊了，抱歉地说："妹妹们，我要吃唐僧肉，救不得你们了。"

孙悟空气得火冒三丈，把七只蜘蛛尽数拍扁，提着金箍棒再战道士。

两人斗了五六十个回合，道士渐觉手软，突然解开衣带，呼啦一声，脱了皂袍。

孙悟空笑道："打不过了，光膀子也不管用！"

道士嘿嘿冷笑，同时把手一齐抬起，只见他两胁下竟然生着千只眼睛，眼中迸放金光。

孙悟空被困在金光黄雾中，一时慌了手脚，左右乱转，向前不能举步，向后不能动脚，急得大圣往上用力一蹿，虽然撞破金光，却扑的跌了一个倒栽葱，头上肿起老大一个包。

孙悟空知道不妙，急忙变成穿山甲，往地下一钻，朝着东方直钻了二十余里，方才露出头。

原来那金光的范围在以道士为圆心、半径十里的圆内才有效，孙悟空从圆心出发朝着一个方向跑，只要大过半径，就算逃出去了。

孙悟空正自悲切，这时候，黎山老母来劝慰他，告知妖精是百眼魔君，又唤作多目怪，需要往紫云山千花洞，请出毗蓝婆，才能降得此怪。

孙悟空驾起筋斗云，不一会儿就来到毗蓝婆身前，说明前因后果。毗蓝婆便随孙悟空而来，一边行路，一边取出一根绣花针，说道："用它就可以降伏此怪。"

孙悟空有点看不上绣花针，不屑地说："早知是绣花针，不须劳烦你，就问老孙要一担也是有的。"

毗蓝婆笑道："倘若给你一担绣花针，你能快速数出数目吗？"

孙悟空道："这有何难，只要绣花针大小一样，粗细一样，我一瞬间就能数出来。因为所有绣花针大小一样，粗细一样，那么重量也就都一样，只要先称一根针的重量，再称整担针的重量，两者相除，就可以得出绣花针的数量了。"

"好，算你孙猴子聪明，我便告诉你，寻常的绣花针，无非是钢铁金针，用不得。我这宝贝，非钢，非铁，非金，是我小儿从太阳里炼成的。"

孙悟空好奇地问道："令郎是谁？"

"小儿是昴日星官。"

孙悟空惊骇不已。他知道昴日星官是只公鸡，这老妈妈既然是昴日星官的妈妈，必定是只母鸡。鸡最能降蜈蚣，所以能收服多目怪。说话间，到了黄花观上空，毗蓝婆将针往下一抛，破了金光，又取出解毒的药丸交给孙悟空。

唐僧、八戒、沙僧吃了药丸后，解了毒，总算捡回了性命。毗蓝婆将多目怪带回去看守门户，师徒四人在观里用过斋饭，一把火将黄花观烧光，继续西行。

1.按照下列数字的规律，括号中应该填什么？

（1）26、11、31、6、36、（　）。

（2）1、1、5、17、61、217、（　）。

（3）2、3、13、24、45、（　）。

2.有一块形状是长方体的橡皮，它的长、宽、高分别是3厘米、2厘米和1厘米，你们知道这块橡皮的体积是多少吗？

数学小知识

等子

也写作戥子。学名叫戥秤，是一种称量轻重的器具，属于小型的杆秤。传说是宋代刘承硅发明的，在中国古代专门用来称量金、银等贵重金属、贵重药品以及香料的精密衡器。构造和原理跟杆秤相同，盛物体的部分是一个小盘子，最大单位是两，小到分或厘，比如故事中的多目怪用等子称量毒药，就需要精确到厘。

1. (1) 1。数列奇数项的后项比前项多5，偶数项的后项比前项少5，括号是第六项，即偶数项，所以是 6 − 5 = 1。

(2) 773。数列从第三项开始，前面两项中第一项 ×2，加上第二项 ×3，即 5 = 1×2 + 1×3，17 = 1×2 + 5×3，所以括号中为 61×2 + 217×3 = 122 + 651 = 773。

(3) 77。数列从第三项开始，为前面两项之和再加上8，所以括号中为 24 + 45 + 8 = 77。

2. 根据长方体体积 = 长 × 宽 × 高，

则橡皮体积：3×2×1 = 6（立方厘米）。

所以橡皮的体积是6立方厘米。